世の中は期待値でできている

KSP理数学院代表講師
鍵本 聡 著

エムディエヌコーポレーション

はじめに

みなさんは**世の中で最もよく使う数学**の分野はなんだと思いますか？

もちろん、数学を教えることを生業（なりわい）としている以上、私もみなさんと同じように「どの分野も大切」ということはわかっています。日々、関数もベクトルも因数分解も整数論も平面図形も全部重要だといいながら授業をしています。

ですので「世の中で最もよく使う数学の分野は？」という質問をみなさんにするのは、ある意味自分を否定することになるのかもしれません。

ただ、**世の中の多くの「ビジネス」（錬金術とも呼べる）は「期待値」を使っている**ということは、声を大にしてみなさんにお伝えしたい。

本書はそのことを理解するための、いわば**バイブル**です。

ここで、みなさんが「金融業」と呼んでいる、ビジネスを考えてみましょう。

例えばローン。いろいろな業者がお金を貸して、その利子で収益を得ています。

では、ローンの利子は、いったいどうやって決まっているのでしょうか。

お金を貸すからには、戻ってこないリスクがあるかもしれないし、返済が遅れる可能性もあります。それでも、ローンが必要な人は世の中にいっぱいいて、それぞれの利用者が返済可能な返済プランを前提に、このビジネスは成り立っています。

100万円貸したときに、いくらぐらい儲からないといけないのか。どんなリスクがあって、どれくらいの人が返済が遅れるのか。店舗の運営費用や社員の給料など、いろいろな必要経費を考えると、どういうシステムにしないといけないのか……。

そのような**すべてのことを、ひっくるめて考える際のキーワードが「期待値」**です。

すなわち100万円貸したら、その返済額は平均的に120万円になるのか150万円になるのか……。そのようなことを考えながら利子なども決定されるわけです。

あるいは、第4章で詳しく取り上げますが、「保険業」も期待値が関係する分野です。

ひと口に保険といっても種類は豊富です。医療保険や傷害保険、火災保険のように私たちにも身近な商品の他に、絵画にかける保険やスポーツ選手の保険など、少し特殊な保険も存在します。

いずれにしても、いくらぐらいの掛け金でどういう契約にすれば利益を生むことができるのか、ということは保険会社にとって非常に重要です。

一方で、万が一、なにかが起こった場合にそれなりの手厚い保障がないと保険は魅力的ではありません。

そのようなときにも、どういう確率でどんなことが起こるのか、保険会社は新商品をつくるために、さまざまなシミュレーションをして掛け金や保険金を決定するわけです。

その際にも決め手となるのは期待値です。

その他の業種であっても、基本的にビジネスとは、いくらの投資をして、いくらの売上があるかです。そして、その売上を予測する術が期待値なのです。

「世の中は期待値でできている」といっても、決して過言ではないでしょう。

ビジネスに投資する人は、実は**ちょっとしたギャンブルをしているのと同じ状況**です。

例えばオフィスを借りて机やパソコンなどを設置し、初期投資が200万円、毎月家賃などで30万円を支払うとしましょう。なぜ、そのお金を支払うかというと、その金額を上回る売上があると予測しているからです。

その際の売上予想金額こそが期待値です。ですから、多くの自営業を営んでいらっしゃる方は、期待値のプロである必要があるということです。

いかに期待値が重要か、ご理解いただけるでしょう。

実は期待値を理解するためには「**確率**」の知識が重要で、確率を正しく計算するためには「**場合の数（順列・組合せ）**」を正確に数えることが必須です。

さらに、これらを正しく理解するためには「**集合**」の基本知識が欠かせません。

そこで、本書は「**集合**」→「**場合の数（順列・組合せ）**」→「**確率**」→「**期待値**」の順でちょっとしたお勉強をしていただきます。どれもこれまでに習ったことがあるはずなので、思い出してみてください。

期待値は世の中を生きていくために必要なだけでなく、学問としても面白いものです。

もしかしたら、最初は少々、退屈に感じる人もいるかもしれませんが、読み進めていくうちに、きっと期待値の面白さや有益性にハマることでしょう。

集合（数学の基本）

⇓

場合の数（P, C）

⇓

確率

⇓

期待値　ゴール！

世の中は期待値でできている

目次

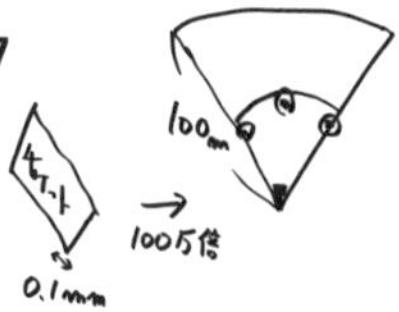

コイン

サイコロ

裏 表
2通り

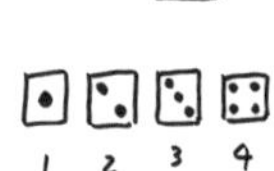
1 2 3 4 5 6
6通り

第3章

確率

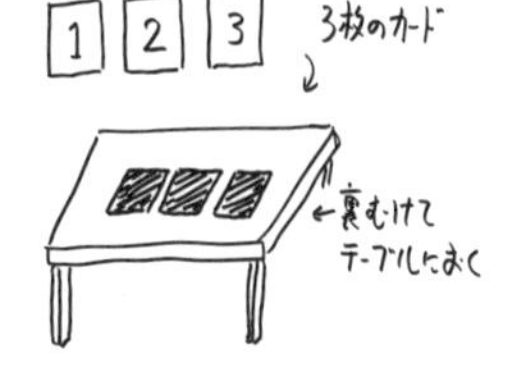

第4章

期待値

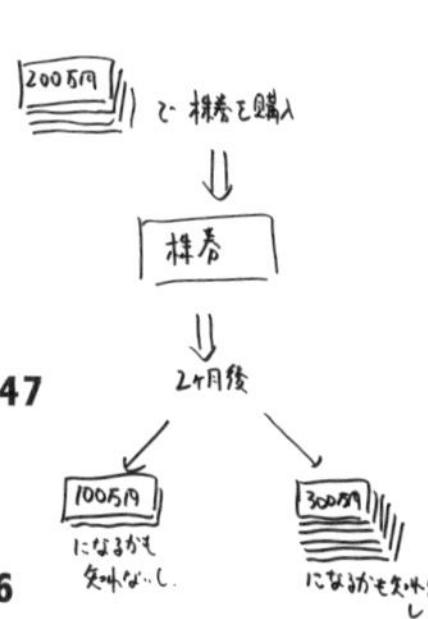

第5章

期待値実践編

期待値は「成功」のためのツール __175

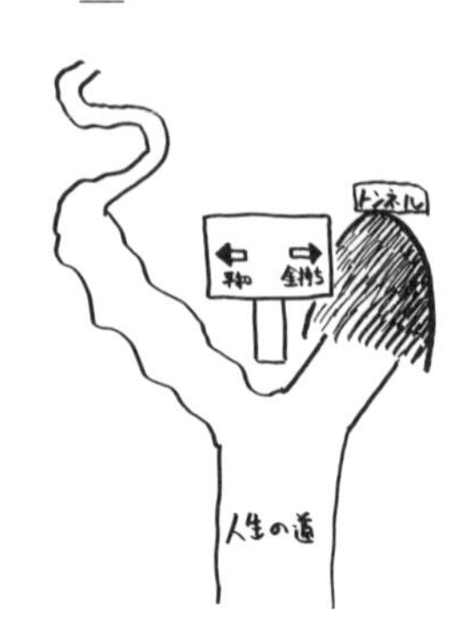

序　章

実生活で役立つ「期待値」

期待値を計算する習慣をつけよう

文系の人が必ずぶちあたる「期待値の壁」

期待値の概念がいかに大切かといわれても、「それがなかなか計算できないのだ」と思っている人は多いかもしれません。

実は期待値を計算するためには、ちょっとした**バランス感覚と割り切り**のようなものが必要です。

どういうことかというと、期待値を計算するためには、次の作業が必要になります。

1：まず起こりうるすべての場合を列挙する
2：それぞれの場合について起こりうる確率を計算する
3：さらにそれぞれの場合について得られる（損をする）値段や値を計算する
4：それらから期待値を計算する

この中の特に2が難しいとされています。

期待値をさっと計算できるためには、**確率をそこそこ正確に計算できるか**、が鍵なわけです。

本書でも、これから最初に「集合」や「場合の数」、「確率」にページを割くのはそういうことなのです。

高校時代に「文系」を選択した人は「理系」の人に比べて、2や3の部分の問題練習量が圧倒的に少なくなります。これが期待値の概念を知るという上での**「文系」と「理系」の差**だということもできます。

たとえ、あなたが、「昔から数学が苦手で……」と、理系の領域から逃げてきたとしても、ビジネスの世界では逃げてばかりはいられません。「できるだけ素早く」かつ「正確に」判断を下すことが必須になることが多々あります。

例えばある商品の価格をいち早く発表したほうが、競合他社よりも優位に立てるというようなケースは数多くあります。そして、仮に先に発表できた場合でも、適正な価格を出せないと、安すぎて大損をしたり、逆に高すぎてぜんぜん売れなかったり、という結果になることも考えられるわけです。

つまり、売上を最大にするための適正価格をさっと決断できる能力が、ビジネスマンには求められるわけです。

そもそも最大最小問題は、高校数学の一番重要なトピックでもありますが、さまざまな関数で最大最小を求めさせる練習をしていないと、その発想にも至らない可能性さえあります。

例えば、たまたま原価が1個3円の商品を大量に輸入することになって、自社の店舗で売りさばかないといけないとしましょう。原価が安いので、価格をいくらにしたらいいのかまったく見当がつきません。

街の商店やインターネットなどで、その商品がいくらで販売されているか調査することは可能です。ただし、それらと同じ値段では誰も買ってくれそうにありません。もちろん安くしたらみんな飛びつくでしょうが、あまり安すぎると儲けが少なくなります。このように価格の設定というのは、想像するより難しいものです。

こういうときに、頭のなかに「上に凸な放物線」のような図が描けているだけでもかなり考えやすいのですが、それはやはり「理系」の選択者ならではの発想です。

とはいえ、高校時代や大学時代に数学を避けてきた人でも、**ビジネスでは必ず数学が出現**します。

この本では、それを身につけるために必要な**最低限の数学の知識だけ**を解説していきます。

では、さっそく、なぜ「期待値」が重要なのかを説明するために、「期待値」が実生活で役に立つ例をいくつか挙げてみましょう。

1 「ネカフェ」で得するパック料金の選び方

みなさんは、インターネットカフェを利用したことはありますか？ 私は、以前よく利用しました。

通称「ネカフェ」には、なんでもあるんですよね。パソコンは使い放題。マンガや雑誌はもちろん、フリードリンクのサービスがついていたり、お店によってはアイスクリームなんかもあって、加えて、シャワーが完備している施設も多くあり、宿泊も可能です。一言でいうと「至れり尽くせり」な場所です。

で、料金はというと……これが、けっこう複雑なことがあります。行かれたことがある方は、みなさんご存じかもしれませんが、**基本料金と「○○時間パック」のどちらかを選択する必要**があったりします。

ここで、実際にあるネカフェの料金表を次のページに載せてみました。座席によって値段も違っていたりして、さらに複雑なシステムのところもありますが、今回は次の設定の料金で考えてみます。

基本料金　最初の1時間660円 以降10分ごとに	110円
3時間パック（24時間受付可能）	1420円
6時間パック（8:00-18:00受付可能）	2550円
12時間パック（8:00-18:00受付可能）	3960円
5時間パック（18:00-8:00受付可能）	2280円
12時間パック（18:00-8:00受付可能）	4310円
1日パック（24時間受付可能）	5880円
1週間パック（24時間受付可能）	30350円（先払い）

目がクラクラしそうですね。

そこで、これらを1時間あたりの料金にしてみましょう。

基本料金　最初の1時間660円 以降10分ごとに	110円	…660円
3時間パック（24時間受付可能）	1420円	…473円
6時間パック（8:00-18:00受付可能）	2550円	…425円
12時間パック（8:00-18:00受付可能）	3960円	…330円
5時間パック（18:00-8:00受付可能）	2280円	…456円
12時間パック（18:00-8:00受付可能）	4310円	…359円
1日パック（24時間受付可能）	5880円	…245円
1週間パック（24時間受付可能）	30350円 （先払い）	…181円

まあ当たり前のことですが、傾向でいうと、

・長い時間いればいるほど、1時間あたりの値段が安い
・夜間受付したパックのほうが若干値段が高い

というわけですね。

ここまでの話だと、普通に電卓を叩けばどのパックがお得か単純にわかる話ですが、ここからは少し難しいことを考えてみましょう。

「何時間滞在予定なのかわからない場合は、どれを選べばいいの?」

というシミュレーションです。

例えば今が午前9時だとして、あなたは友人の就職面接が終わるのをネカフェで待つことにしました。その友人の面接は、早かったら1時間ほどで終わりますが、もしかすると10時間かかるかもしれません。果たして、どのパックにしたらいいでしょう?

とりあえず左表のパックのうち、関係のある料金だけをもう一度おさらいしましょう。

基本料金　最初の1時間660円 以降10分ごとに	110円	…660円
3時間パック（24時間受付可能）	1420円	…473円
6時間パック（8:00-18:00受付可能）	2550円	…425円
12時間パック（8:00-18:00受付可能）	3960円	…330円

この場合、実はかなり計算が複雑になるので、問題を少し単純にしたいと思います。

友人が戻ってくる時間は、1時間〜10時間の10通りとしましょう。

この場合、次の6通りの戦略を考えます。

（1）基本料金のみ
（2）最初は3時間パックを1回使い、あとは基本料金
（3）3時間パックをくり返し、最後の1時間だけ基本料金
（4）最初は6時間パックを1回使い、あとは基本料金
（5）最初は6時間パックを1回、次に3時間パックを1回使い、あとは基本料金
（6）最初から12時間パック

それぞれの時間で、各パック料金を使ったらどうなるかを考えてみます。右ページの表は1時間あたりの料金で、*はその時間の最安値です。

	基本	3＋基	3繰返	6＋基	6＋3	12時間
1	***660**	1420	1420	2550	2550	3960
2	***660**	710	710	1275	1275	1980
3	660	***473**	***473**	850	850	1320
4	660	***520**	710	638	638	990
5	660	548	568	***510**	***510**	792
6	660	567	473	***425**	***425**	660
7	660	580	609	***459**	567	566
8	660	590	533	***484**	496	495
9	660	598	473	503	441	***440**
10	660	604	492	519	463	***396**

計算式はすごく複雑なので、表計算ソフトを使いましたが、こんなシミュレーションとなります。

この傾向から見えることは、**パックをくり返し使うよりは、パックを最初の1回だけ使って、残りは基本料金**という方策が意外と悪くないということです。

パック料金は割引率が高いので、例えば6時間パックを5時間で使っても安いし、逆に7時間、8時間の場合は、その分を基本料金で延長しても、そこそこ安い料金でいけるということです。

ある程度時間が読めるけど若干幅があるという場合は、とりあえず最初はパック、あとは基本料金で延長という手がよさそうです。

逆に最安値とはいきませんが、おおよその時間が読めなくて困っているときは、3時間パックをくり返す手も悪くないようです。

ただし、1時間でお友達が戻ってきたら大損するということだけは覚悟しておいてください。1時間で戻ってくることがあり得ないのであれば、使えそうですね。

こうした**計算をする習慣を身につけておくことは、長い人生で換算すると相当にお得**になるはずです。

今回はネカフェを例にしましたが、カラオケボックスやボウリング場などのパック料金でも知っておいて損はしない知識です。

ただし、パック料金の割引率にもよるので、そこはご注意ください。最近は自動切替制で最安値の料金で利用できるチェーン店も増えていますが、よく行くお店があるのであれば、一度、料金表を先ほどのように研究して、表計算ソフトでシミュレーションするのもいいと思います。

2 忘れ物を探すときの期待値

数学の大学入試問題には「伝説の名問題」というのがあります。

最近でいうと、例えば東京大学2003年の入試問題。

「円周率が3.05より大きいことを証明せよ」

短い問題文でありながら、計算量も多くてなかなか考えさせられるいい問題です。また、私が生まれる直前の1966年に京都大学で出題されたのが以下の問題です。

「平地に3本のテレビ塔がある。ひとりの男がこの平地の異なる3地点A、B、Cに立ってその先端を眺めたところ、どの地点でもそのうち2本の先端が重なって見えた。このときA、B、Cは一直線上になければならない。この理由を述べよ」

ある意味突拍子もない問題ですね。これら2問はともに、やり方がいくつか考えられるので面白い問題です。

さて、ここで取り上げたいのは、1976年に早稲田大学で出題された次の問題です。

「5回に1回の割合で帽子を忘れるくせのあるK君が、正月にA、B、Cの3軒を順に年始回りをして家に帰ったとき、帽子を忘れてきたことに気がついた。

2軒目の家Bに忘れてきた確率を求めよ」

……単純に考えたら、3軒の家を回ったんだから、$\frac{1}{3}$なんじゃないの？　ということになりそうですね。

そこで、すべての場合を考えてみることにしましょう。

出発→Aの家で帽子を忘れる(1)

→Aの家で帽子を忘れない→Bの家で帽子を忘れる(2)

→Bの家で帽子を忘れない→Cの家で帽子を忘れる(3)

→Cの家で帽子を忘れない(4)

要するに起こりうる事象は4通りです。それぞれの確率を求めてみましょう。

(1)Aの家で帽子を忘れる確率

$$\frac{1}{5}$$

(2)Bの家で帽子を忘れる確率…Aの家で帽子を忘れないでBの家で帽子を忘れる

$$\frac{4}{5} \times \frac{1}{5} = \frac{4}{25}$$

(3)Cの家で帽子を忘れる確率…Aの家でもBの家でも帽子を忘れないでCの家で帽子を忘れる

$$\frac{4}{5} \times \frac{4}{5} \times \frac{1}{5} = \frac{16}{125}$$

(4)Aの家でもBの家でもCの家でも帽子を忘れない

$$\frac{4}{5} \times \frac{4}{5} \times \frac{4}{5} = \frac{64}{125}$$

となります。これらの確率をすべて足したら1になることは確認しておきましょう。

$$\frac{1}{5}+\frac{4}{25}+\frac{16}{125}+\frac{64}{125}$$
$$=\frac{25}{125}+\frac{20}{125}+\frac{16}{125}+\frac{64}{125}$$
$$=\frac{125}{125}$$
$$=1$$

というわけですね。

ところが、問題文によるとK君は帽子を忘れてきたのです。すなわち上記のうち(4)はあり得ないことになります。そうなると、少し話が変わってくるのです。

このように、もともと起こりえたすべての事象のうち、ある事象が実際に起こったり起こらなかったことがわかった場合、その事象の確率を排除して、残りの確率だけで再計算する必要があります。

この確率の考え方を「条件付き確率」と呼びます。

この問題の場合だと、

(1) $\frac{25}{125}$

(2) $\frac{20}{125}$

(3) $\frac{16}{125}$

(4) $\frac{64}{125}$

の確率のうち、(4)だけが排除されるので、

(1) $\frac{25}{125}$

(2) $\frac{20}{125}$

(3) $\frac{16}{125}$

の3つの確率を、その比率を変えずに再計算する必要があります。

(1)(2)(3)の起こる確率の比は25:20:16ですので、分母を25＋20＋16＝61に変えて、

（1）$\frac{25}{61}$

（2）$\frac{20}{61}$

（3）$\frac{16}{61}$

となるのです。

この問題の答え、すなわち**K君がBの家で帽子を忘れてきた確率は$\frac{20}{61}$**ということになります。

ちなみにA、B、Cのどの家で忘れてきた確率が高いかは見てのとおり、**Aの家で忘れてきた確率が一番高い**のです。

今回はK君が5回に1回の割合で帽子を忘れるという確率だったので、そのような計算になりましたが、これが3回に1回とか2回に1回とか、高確率で忘れ物をする人であれば、さらにその傾向が顕著に出ます。

すなわち、**最初の家で忘れ物をした確率が最も高い**ということです。

このことも、**知っていて損はない**ですね。

3 宝くじとお賽銭、あなたはどっち派？

先日とある飲み屋さんで、お酒を飲んでいた2人が議論していました。

「もし300円を持っているとして、そのお金で宝くじを買うか、神社にお賽銭を入れるか、選択するならどっち？」という内容です。以下「宝」が宝くじ派、「神」がお賽銭派の人です。

宝「宝くじは下のほうの賞もあり、買うと当たっていくらかお金が戻ってくるでしょう」

神「いや、それがなかなかあたるようで当たらないのです」

宝「宝くじは、買わなかったらなにも当たらないでしょ。買わないとあたらないから買うのです」

神「当たるか当たらないか、ドキドキしながら待っているなんて、心の平穏がないじゃないですか。神社のお賽銭は、入れた瞬間に心の平穏が得られるから、私はお賽銭かな」

宝「神社のお賽銭は、実はなにに使われているか、不明です。なにかいいことに使われていると見せかけて、だまされている可能性もあります。その点、**宝くじは、明朗会計のカタマリ**です。集まったお金のうち、約4割は慈善事業に使われていて、収益金で購入された自動車や車いすはいろいろな施設で活躍しています」

神「いやいや、神社だって負けてはいませんよ。神社によって違うのかもしれませんが、例えば神社の森は自然のサンクチュアリになっていることが多いのです。それを維持する費用だと考えたら、**神社には感謝しないといけません。**それに慈善事業をしている神社だっていっぱいあります。伝統を守る意味でもお賽銭を入れることに私は賛成です」

さて、みなさんなら宝くじと神社のお賽銭、どちらを選びますか?

確かに実際の宝くじや神社のお賽銭がどのように管理・運営されているのか、なかなか実態は見えにくいかもしれません。次の表はある宝くじの内訳です。

1枚300円の宝くじの販売量10,000,000（1千万）本

当選金	当選本数
300,000,000円	…1本
100,000,000円	…2本
100,000円（組違い）	…99本
5,000,000円	…2本
1,000,000円	…100本
100,000円	…2,000本
3,000円	…100,000本
300円	…1,000,000本

これらをすべて合計すると、1,419,900,000円です。ざっくりというと14億2千万円が賞金ということになります。

一方、売上はというと、300円の宝くじは平均すると10,000,000本（1千万本）売れるので、3,000,000,000円（30億円）となります。

この数字から賞金の合計金額を1千万本で配分すると、次のような計算が成り立ちます。

1,419,900,000円 ÷ 10,000,000本 ≒ 142円/本

すなわち1本300円の宝くじのうち142円が賞金ということになります。

まとめると、こういうことです。

300円の宝くじ1本を購入すると142円が戻ってくる。

この142円が「期待値」です。別のいい方をすると、300円の宝くじのうちざっくり半分は戻ってこないということです。

では、戻ってこない158円はどこに行ったのでしょうか。そこから宝くじにかかわる仕事をしている人のお給料や宝くじ売り場設営費用、それにもちろん税金として日本の国の予算にもなり、慈善事業の一環で車いすや自動車になったりするわけです。

ところで、宝くじの当選金の表をもう一度見てみましょう。

当選金	当選本数
300,000,000円	…1本
100,000,000円	…2本
100,000円（組違い）	…99本
5,000,000円	…2本
1,000,000円	…100本
100,000円	…2,000本
3,000円	…100,000本
300円	…1,000,000本

宝くじの当選金は8種類。そこには、「1千万本」に1本しかない3億円と、2本しかない1億円2本が含まれます。

要は8種類中2種類が「○億円」というわけです。なんとなく「親近感」がありますよね。さすがに「夢を与えるラインナップ」です。

では、どれぐらいの確率で3億円が当たるのか、少し考えてみましょう。

みなさんは野球場に行かれたことがあるでしょうか? 観客で満員の野球場に行って、「うわー、こんなにたくさんの人がいるのか!」と驚いた経験はありませんか?

仮に東京のど真ん中、水道橋にある東京ドームを考えてみましょう。実は筆者は阪神タイガースのファンなので別に阪神甲子園球場でもいいのですが、本書の編集の方と初めて顔合わせをした思い出の地が東京ドームのすぐ近くだったこともあり、ここでは東京ドームにしたいと思います。

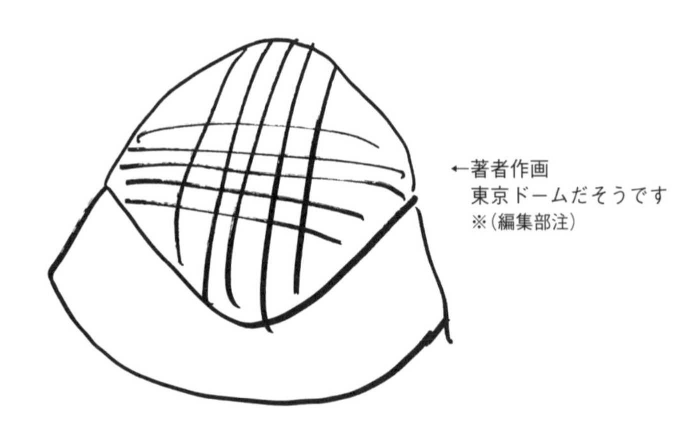

満杯時で東京ドームの観客数はざっくり5万人です。満員の観客席を見ると「こんなにたくさんの人がいるんだ！」と感動します。そんなすごい人数です。

さて、宝くじの3億円は1000万枚につき1枚ですから、東京ドーム200個分、ということになります。仮に東京ドームで野球の試合を1年間に70試合、毎試合が満員だとして、3年間の全試合の入場者が1000万人ぐらいになる計算です。

この1000万人のなかでたった1人が3億円当選するわけです。要するに東京ドームで行われる野球の試合3年間のチケットが仮に宝くじとするならば、そのうちのたった1枚が3億円当選者、というわけです。

……まあ、当たらなさそうですよね（笑）。

では次に、300円の宝くじが3億円に化けるというのはどれぐらいすごいことなのでしょうか。

3億円÷300円＝100万倍

ということです。これがどういう数字なのか、少し考えてみましょう。

仮にチケットの厚さを0.1mmとして、そのチケットがどれぐらいの分厚さになると思いますか？

0.1mm×1000000＝100000mm＝100m

すなわち0.1mmのチケットが100mの高さになるということです。野球でいうと、ホームベースから両翼（レフトとライトのポール）までの距離がちょうど100mなので、チケットの薄っぺらい紙の厚さが、野球場サイズの分厚さになるということです。

どれほどすごいことでしょうか。

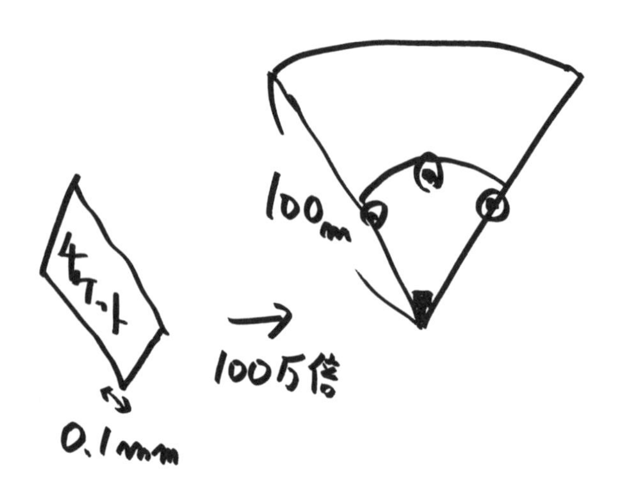

宝くじとは、そういうものです。よく考えるとロマンがあり、悪く考えると「まず当たらない」のが宝くじです。

平均的に300円のうち142円が返ってくるとはいえ、実際には当たった一部が、多くの額を独占するわけですから。

ここでは宝くじを例に考えましたが、この1つの例だけでも、そのシステムはそれなりに複雑で、単に期待値だけで考えられるものではないということがわかります。

そこにはちょっとしたカラクリもあり、人の願望などもクロスするのかもしれません。

ただ、**数学的には、300円のうち142円しか返ってこない**わけですから、「買えば買うほど損するものだ」ということはいえるでしょう。

そしてこの戻ってこない残り158円にどういう意味を見出せるのか、そこが「宝くじ」と「お賽銭」論争に重要な情報を与えることになりそうです。

さて、ここまでで「期待値」に関して、少しでも興味を持っていただけたでしょうか？

もう少し「期待値」について深く理解するためには、少々お勉強が必要になります。そのスタートが次章からの「集合」です。

TOKYO DOME
東京ドーム
のつもり
100mm

第1章

集合

実は数学の いちばん根本の単元

数学の根源……「集合」

集合というと、数学のなかでは、あまりメインではない単元のように思われがちですが、実はそうではなく、一言でいうと**数学のいちばん根本の単元**です。

「かつ」と「または」そして「否定」、この3つが集合の基本でもあり、さらには「論理」の基本にもなります。

そしてこれら3つを組み合わせて「デジタル回路」がつくられます。すごく不思議なのですが、集合というのは現代の**「デジタル社会」の基礎中の基礎**だったりもするのです。

そして実は、次章の「場合の数」の単元を攻略する際に、集合の概念は避けて通ることができないのです。

今たとえ話で、遠くに見える「期待値城」の天守閣を目指すことにしましょう。天守閣に上るまでには、いくつかの難所を突破しないといけません。まずは期待値城の外堀の中に入ることを目標にします。それが**「集合」**です。

「そんなことといわれても、なんのことやら」というみなさん、とりあえずここでは素直に「集合」をおさらいしておきましょう。

先ほども申し上げた通り**「集合」と「論理」は表**

裏一体の分野です。そして、本書のテーマでもある「確率」→「期待値」にもかなり密接な関係がある分野でもあります。

「集合」をうやむやにしたままで確率を理解しようとしても、なかなか理解しづらい一面も出てきます。よくいう「確率どうしを足したらいいのか、かけ算したらいいのかわからない」という**確率の苦手な人は、大抵集合の基本がわかっていない**ことが多いのです。

ともかく**集合の基本は、この章で解説する「ベン図」**です。これを正しく描いて考えることができれば、そんなに恐れることはありません。

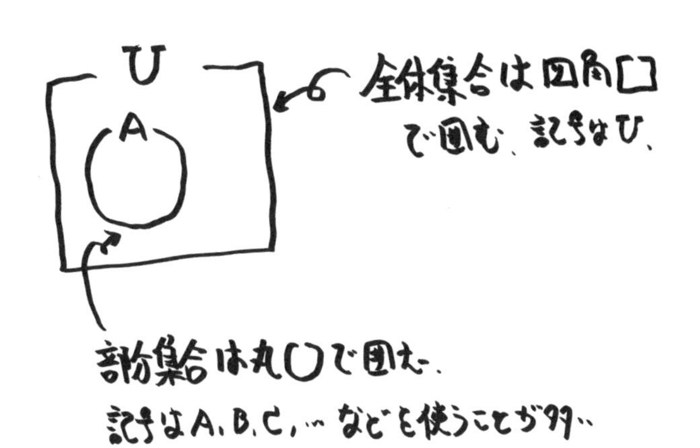

1　集合とは?

数学では、あるグループのことを「集合」といいます。集合では、なにを扱ってもかまいません。

例えば「○○中学校3年生のうちメガネをかけている人の集合」とか「1から10までの整数の集合」とかそんな感じです。

そして、集合に属しているメンバーのことを「要素」といいます。

集合で注意すべきことは次の通り。

必ずすべてのものは集合に属しているか属していないかのどちらかである。

すなわち「属しているような属していないような……」というような、あいまいなものはありません。

例えば「目がいい人の集合」は、条件基準があいまいなので集合とはいえませんが、「この間の視力検査で視力が1.5以上の人の集合」は集合ということができます。

ある集合の要素の数は無限でもかまいません。例えば「正の偶数の集合」というと、2, 4, 6, 8, 10……と無限に要素が存在します。

「集合」練習問題①

次のものは集合といえるでしょうか？

❶「背が高い人の集合」

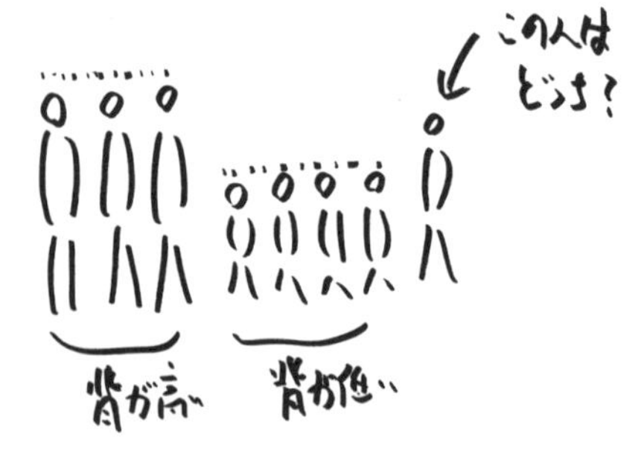

❷「市役所から1km以内の距離に住んでいる人の集合」

❸「ある高速道路で、通行料金が1000円以上する区間の集合」

❹「地球上に存在する全酸素分子の集合」

解答①

❶いえない

「背が高い」の基準があいまいなため、集合とはいえない。
もしも「前回の身体測定の結果、身長が170cm以上だった人の集合」などならOK。

❷いえない

微妙ではあるが、やはりこれも「市役所から1km以内」の基準があいまいなため、集合とはいえない。
例えば「市役所から1km以内の距離に住んでいる」というのを「各家庭の一番大きな部分の玄関のヒンジの部分が、市役所の建物前の基準点を中心とする半径1kmの同心円に入っている」と定義したら、集合にできるかもしれないが、その場合でも微妙に計測の誤差で入ったり入らなかったりするのであれば、集合とはいえない。

❸いえる

高速道路の料金は区間ごとにはっきりと値段が決まっているので、これは集合と呼ぶことができる。

❹いえない

これも微妙だが、地球上に「酸素分子ということもできるし、いうこともできない」ものも存在する可能性があると考えると、集合とはいえない。

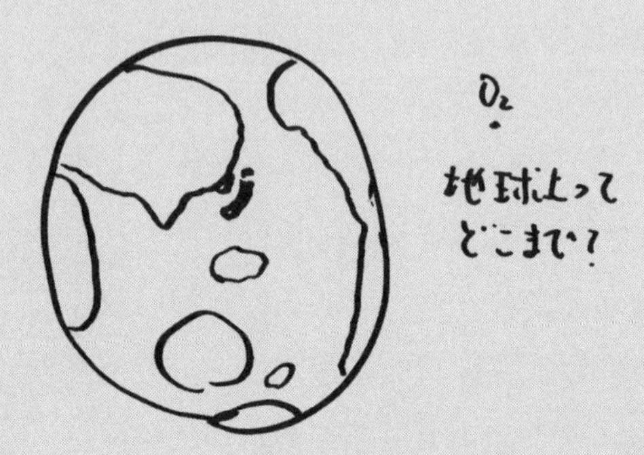

2　集合の要素を表す記号

集合を表すのには、記号がよく用いられます。

例えば集合Aを「0以上10未満の奇数の集合」だとしましょう。

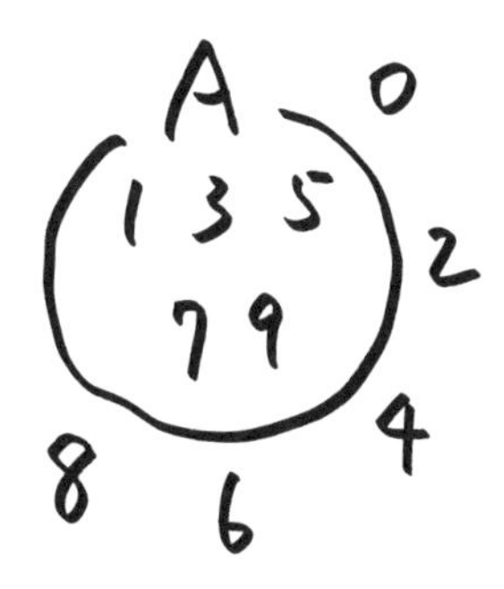

そのことを記号で表すと次のようになります。

A＝{0以上10未満の奇数の集合}

集合の中身を表すのに{　　}を使って、中に説明を書く感じです。説明の部分はもう少し数式を混ぜて次のように書いてもかまいません。

A＝{n｜nは奇数, 0≦n＜10}

最初の部分は「集合Aの要素は“｜”の右側の条件を満たすnの集合」という意味になります。

また、もっと露骨に次のように書いてもかまいません。

$A=\{1,3,5,7,9\}$

このように**要素を並べる集合の表し方を「要素列挙型」の表示**といいます。

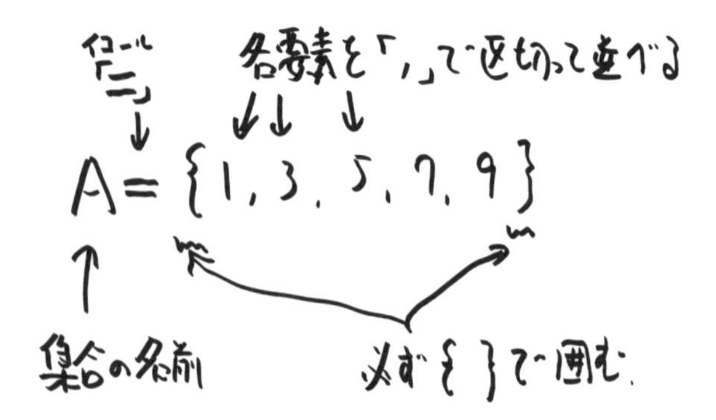

「集合」練習問題&解答②

次の集合を要素列挙型の記号で表してください。

❶ミカン、リンゴ、カキ、マンゴー、モモ、レモンのうち、「ン」の文字がつくものの集合A

❷－3以上5未満の整数の集合B

❸30以上50未満の整数のうち、3の倍数の集合C

〈解答〉

❶$A=\{$ミカン, リンゴ, マンゴー, レモン$\}$

❷$B=\{-3, -2, -1, 0, 1, 2, 3, 4\}$

❸$C=\{30, 33, 36, 39, 42, 45, 48\}$

3 和集合とは？

ある集合と別の集合をくっつけた集合を「和集合」といいます。

集合Aと集合Bの和集合を、記号では次のように書きます。

A∪B

読み方は「集合Aと集合Bの和集合」もしくは「A　カップ　B」などと読む人もいます。「∪」の記号がカップに似ているからです。

例えば集合Aと集合Bを次のように仮定しましょう。

集合Aを「0以上10未満の奇数の集合」
集合Bを「1以上5未満の整数の集合」

この場合、集合Aと集合Bをそれぞれ要素列挙型で表すと次のようになります。

$A=\{1, 3, 5, 7, 9\}$
$B=\{1, 2, 3, 4\}$

ですので和集合A∪Bは次のようになります。

$A \cup B=\{1, 2, 3, 4, 5, 7, 9\}$

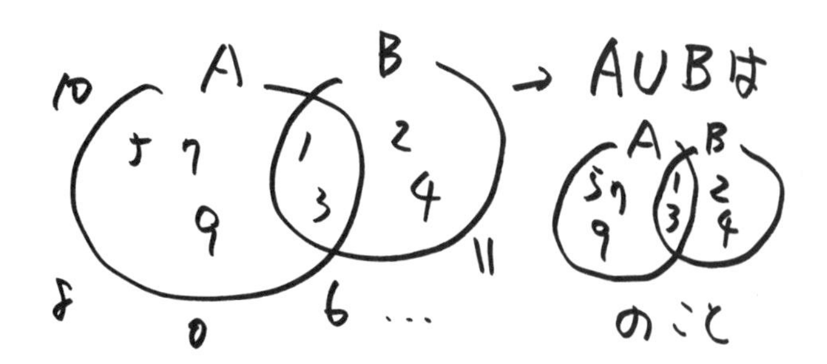

「集合」練習問題&解答③

次の和集合を要素列挙型で表してください。

❶集合Aを「5以上10未満の整数の集合」、集合Bを「0以上10未満の偶数の集合」としたときの和集合A∪B

❷集合Aを「1以上10未満の3の倍数の集合」、集合Bを「0以上10未満の偶数の集合」としたときの和集合A∪B

〈解答〉

❶ $A \cup B=\{0, 2, 4, 5, 6, 7, 8, 9\}$

$A=\{5, 6, 7, 8, 9\}$、$B=\{0, 2, 4, 6, 8\}$より

❷ $A \cup B=\{0, 2, 3, 4, 6, 8, 9\}$

$A=\{3, 6, 9\}$、$B=\{0, 2, 4, 6, 8\}$より

4 要素の個数の記号

集合Aの要素の個数をn（A）と記号で表します。

例えば2年3組の女子生徒が15名だとして「2年3組の女子生徒の集合」をAと表すと次のようになります。

$$n(A)=15$$

もし2つの集合A、Bにダブっている要素がないとするなら、A∪Bの要素の個数はそのままAの要素の個数とBの要素の個数を足したものになります。

式で書くと次の通りです。

$$n(A\cup B)=n(A)+n(B)$$

例えば2年3組の女子生徒の集合Aが15名、2年4組の女子生徒の集合Bが18名だとすると、2年3組と2年4組の両方に属している女子生徒はいないはずですので、要素の個数は次のように表すことができます。

$n(A)=15$、$n(B)=18$、

$n(A \cup B)=n(A)+n(B)=15+18=33$

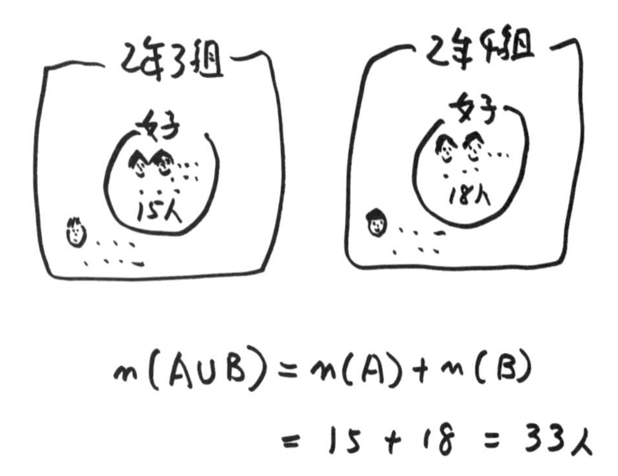

「集合」練習問題&解答④

次の要素の個数を求めてください。

❶集合Aを「5以上10未満の整数の集合」としたときのn（A）

❷集合Bを「1以上5未満の偶数の集合」としたときのn（B）

❸上の❶と❷の和集合の要素の数n（A∪B）

〈解答〉

❶n（A）＝5

A＝{5, 6, 7, 8, 9}より

❷n（B）＝2

B＝{2, 4}より

❸n（A∪B）＝5＋2＝7

AとBは共通な要素がないので、そのまま足し算すればよい。

5 積集合とは？

ある集合と別の集合の両方に属している要素の集合を「積集合」、もしくは「共通部分」といいます。

集合Aと集合Bの積集合を、記号では、次のように書きます。

A∩B

読み方は「集合Aと集合Bの積集合（共通部分）」もしくは「A　キャップ　B」などと読む人もいます。
「∩」の記号がキャップ（帽子）に似ているからです。

例えば和集合と同じ例を使って、集合Aと集合Bを次のように仮定しましょう。

集合Aを「0以上10未満の奇数の集合」
集合Bを「1以上5未満の整数の集合」

この場合、集合Aと集合Bをそれぞれ要素列挙型で表すと次のようになります。

$A = \{1, 3, 5, 7, 9\}$
$B = \{1, 2, 3, 4\}$

ですので積集合 A∩Bは次のようになります。

$A \cap B = \{1, 3\}$

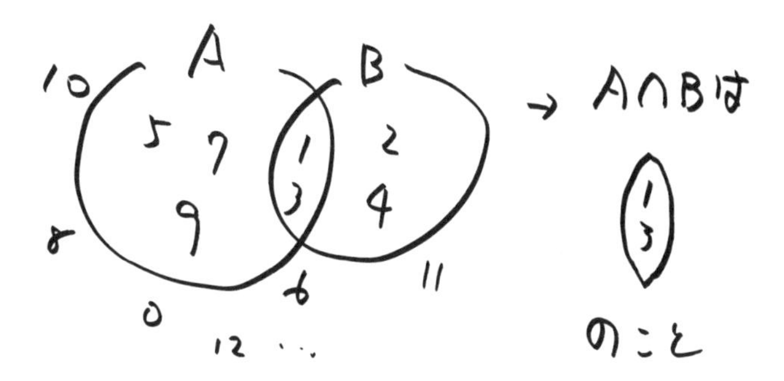

「集合」練習問題&解答⑤

次の積集合を要素列挙型で表してください。

❶集合Aを「5以上10未満の整数の集合」、集合Bを「0以上10未満の偶数の集合」としたときの積集合$A \cap B$

❷集合Aを「1以上10未満の3の倍数の集合」、集合Bを「0以上10未満の偶数の集合」としたときの積集合$A \cap B$

〈解答〉

❶$A \cap B = \{6, 8\}$

$A = \{5, 6, 7, 8, 9\}$、$B = \{0, 2, 4, 6, 8\}$より

❷$A \cap B = \{6\}$

$A = \{3, 6, 9\}$、$B = \{0, 2, 4, 6, 8\}$より

6 集合の個数定理

2つの集合A、Bにダブっている要素がないとするなら、A∪Bの要素の個数はそのままAの要素の個数とBの要素の個数を足したものになると説明しました。

では、もしも2つの集合A、Bにダブっている要素があるとすればどうなるでしょう。

ダブっている部分とは共通部分、すなわち積集合のことです。そのまま足してしまうと共通部分を2回足し合わせることになってしまうので、その部分の要素の個数だけ引いてあげればよいことになります。

すなわち、**次の「個数定理」が導かれます**。

$$n(A\cup B)=n(A)+n(B)-n(A\cap B)$$

例えばある小学校の6年1組で行われた算数のテストが80点以上だった児童13人の集合をA、国語のテストが80点以上だった児童の集合19人をB、どちらも80点以上だった児童を10人とすると、次の式が成り立ちます。

$n(A)=13$、$n(B)=19$、$n(A\cap B)=10$より

$$n(A\cup B)=n(A)+n(B)-n(A\cap B)$$
$$=13+19-10=22$$

すなわちそのテストでどちらかの科目が80点以上だった児童数は22名だったことがわかります。

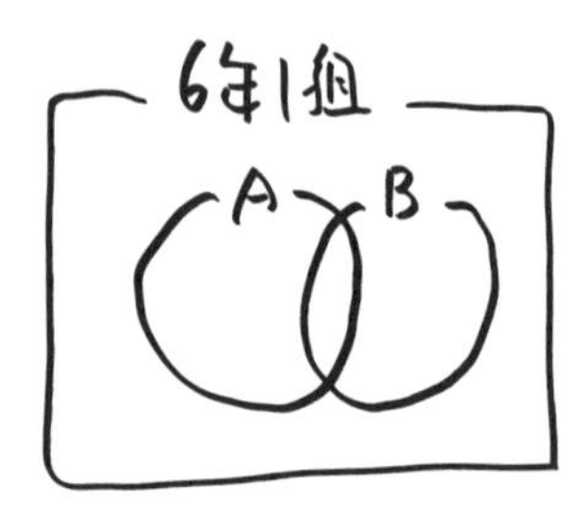

A：算数が80点以上：13人

B：国語が80点以上：19人

算数も国語も80点以上だった人数 $n(A \cup B)$

$= n(A) + n(B) - n(A \cap B)$

A 13人　　B 19人　　10

$= 13 + 19 - 10 = 22$人

「集合」練習問題⑥

❶1から100までの整数のうち、偶数の集合をA、3の倍数の集合をBとするとき、$n(A)$、$n(B)$、$n(A \cap B)$、$n(A \cup B)$ をそれぞれ求めてください。

❷ある小学校でアンケートをとったところ、全校児童のうちPという映画を観たことがある児童が120名、Qという映画を観たことがある児童が125名で、PとQの両方とも観たことがある児童は85名でした。
PまたはQの少なくとも一方の映画を観たことがある児童は何人でしょうか？

解答⑥

❶n（A）＝50

1から100までの整数は100個あり、そのうち半分が偶数。100÷2＝50

n（B）＝33

100個のうち$\frac{1}{3}$が3の倍数だが、割り切れないので少し慎重に考える。3〜99までなので、3×1、3×2、3×3、3×4、…3×33 と考えると、33個あることがわかる。

n（A∩B）＝16

AとBの共通部分とはすなわち6の倍数のことであり、これも慎重に考えると、6〜96までなので、6×1、6×2、6×3、…6×16 と考えると、16個あることがわかる。

$n(A \cup B) = 67$

$n(A \cup B)$ は公式に代入すると答えが求められる。

$$n(A \cup B) = n(A) + n(B) - n(A \cap B)$$
$$= 50 + 33 - 16 = 67$$

❷160人

Pを観た人の集合をP、Qを観た人の集合をQとすると、公式より次の式が成り立つ。

$$n(P \cup Q) = n(P) + n(Q) - n(P \cap Q)$$
$$= 120 + 125 - 85$$
$$= 160$$

なので、答えは160人。

7 全体集合と補集合

ある集合を考えるときに、その集合が属しているもっと大きなくくりの集合を考えることがあります。これを「**全体集合**」といいます。

例えば「6年1組で算数の点数が80点以上だった児童の集合A」を考える場合に、全体集合を「6年1組全員の集合」とするわけです。一般的に全体集合は記号Uを使います。これは全体集合という意味の英語「universal set」の頭文字Uからきています。

全体集合を考えることで、Aに入らなかった6年1組のメンバーのことも同時に考えることができます。すなわち「6年1組で算数の点数が80点以上ではなかった児童の集合」です。

この集合は全体集合からAの要素を取り除いて、それ以外の要素から成り立つ集合になります。

これを「Aの補集合」と呼び、記号では$\overline{A}$と書きます。

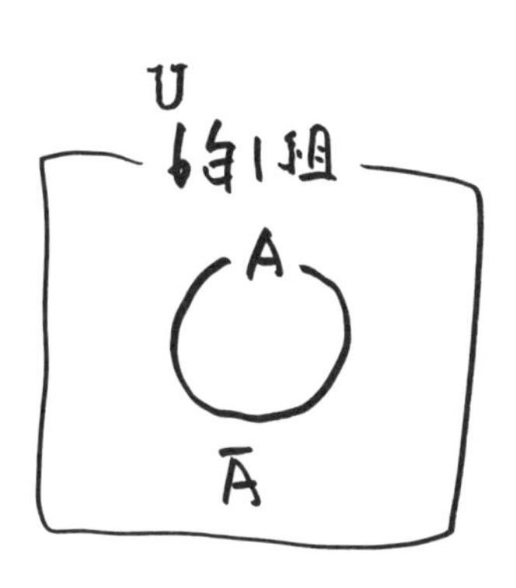

U：全体集合
6年1組全員の集合

A：6年1組の中で
算数が80点以上
とった人の集合

$\overline{A}$はAでない人の集合

＝ 6年1組の中で算数が80点以上では
なかった人の集合

「集合」練習問題⑦

1から10までの整数を全体集合とし、そのうち3の倍数を集合A、偶数を集合Bとします。次の集合の要素を要素列挙型で表してください。

❶$\overline{A}$

❷$A \cup B$

❸$A \cap B$

❹$\overline{A} \cup B$

❺$A \cap \overline{B}$

❻$\overline{A} \cup \overline{B}$

解答⑦

$U=\{1, 2, 3, 4, 5, 6, 7, 8, 9, 10\}$

$A=\{3, 6, 9\}$、$B=\{2, 4, 6, 8, 10\}$より

❶ $\overline{A}=\{1, 2, 4, 5, 7, 8, 10\}$

❷ $A\cup B=\{2, 3, 4, 6, 8, 9, 10\}$

❸ $A\cap B=\{6\}$

❹ $\overline{A}\cup B=\{1, 2, 4, 5, 6, 7, 8, 10\}$

❺ $A\cap \overline{B}=\{3, 9\}$

$\overline{B}=\{1, 3, 5, 7, 9\}$より

❻ $\overline{A}\cup \overline{B}=\{1, 2, 3, 4, 5, 7, 8, 9, 10\}$

8 ベン図を描こう

全体集合とその中に含まれる2つの集合を考えるときに、**ベン図がとても役に立ちます。**

ベン図はイギリスの論理学者ジョン・ベン（1834-1923）が考案したとして知られています。

ベン図では、まず全体集合を四角形で表します。上に「U」と描くのが一般的です。次にその中に含まれる集合Aと集合Bを輪で表し、共通部分に含まれる要素がある場合はクロスさせて描きます。

下の例はある小学校の6年1組で行われた算数のテストが80点以上だった児童の集合をA、国語のテストが80点以上だった児童の集合をBとしてベン図で表したものです。

こんなふうに描くと考えやすいですね

「集合」練習問題&解答⑧

1から10までの整数を全体集合とし、そのうち3の倍数を集合A、偶数を集合Bとします。
このことをベン図で表してから、1から10までの整数がそれぞれベン図のどこにあるか描き込んでください。

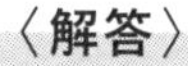

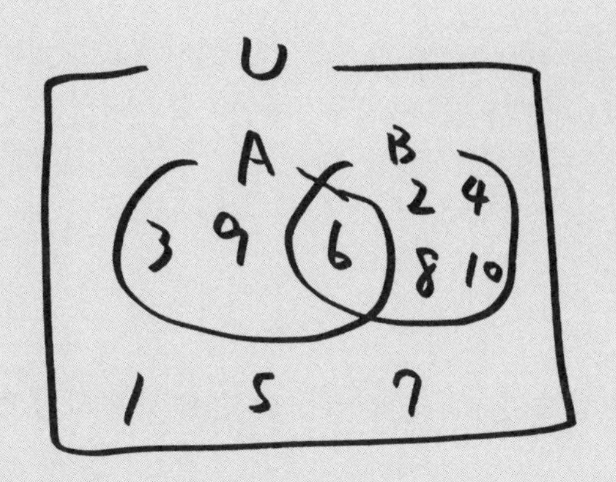

9　ド・モルガンの法則

全体集合の中に2つの集合A、Bがあるとして、それをベン図で描いてみます。

次のページのベン図のなかの斜線の部分を式で表してみましょう。実は2通りの表し方があることがわかります。

1つ目：$\overline{A}$と$\overline{B}$の積集合、すなわち$\overline{A}\cap\overline{B}$
2つ目：AとBの共通部分以外全部、すなわち$\overline{A\cup B}$

違う表し方ですが、ベン図で同じ場所を表しているので、これらは必ず等しくなります。すなわち式で書くとこうなります。

$$\overline{A}\cap\overline{B} \quad = \quad \overline{A\cup B}$$

この式を「ド・モルガンの法則」と呼びます。

インド生まれのイギリスの数学者、オーガスタス・ド・モルガン（1806-1871）にちなむ規則性のことです。

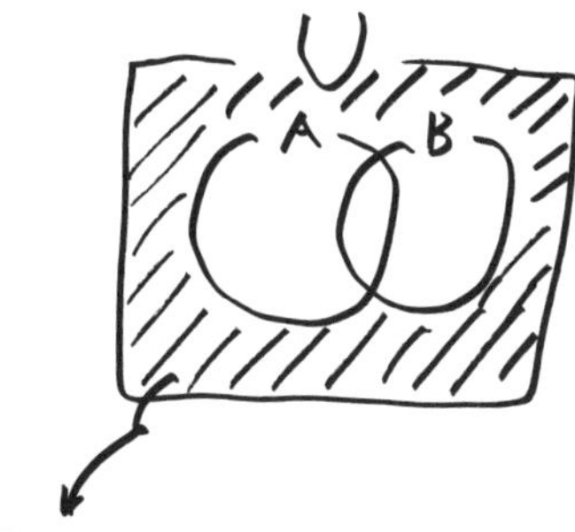

$\overline{A}\cap\overline{B}$ とも言えるし、$\overline{A\cup B}$ とも言える

すなわち $\overline{A}\cap\overline{B}=\overline{A\cup B}$

ド・モルガンの覚え方

切れる

$\overline{A\cap B} \Leftrightarrow \overline{A}\,\overline{\cap}\,\overline{B} \Leftrightarrow \overline{A}\cup\overline{B}$

上のバーが切れる　$\overline{\cap}$ が $\cup$ にかわる

「集合」練習問題&解答⑨

次のベン図で斜線の部分を、2通りの表し方で表しましょう。

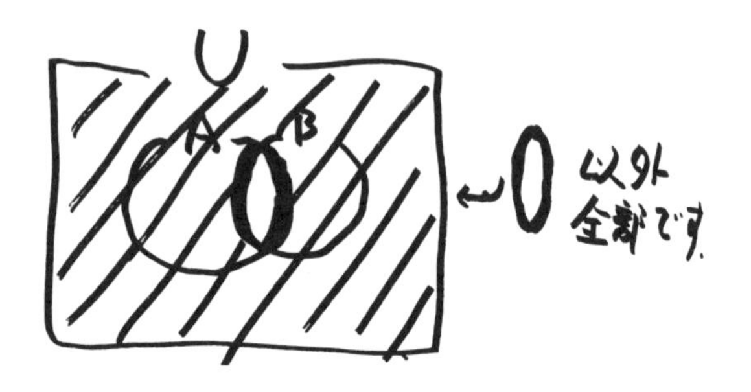

〈解答〉

$\overline{A \cap B}$

$\overline{A} \cup \overline{B}$

$\overline{A \cap B} = \overline{A} \cup \overline{B}$となります。

実はこちらも「ド・モルガンの法則」と呼ばれます。

集合を突き詰めたら世の中は平和になる!?

あたり前のことですが、例えば日本には「良い人」もいれば「悪い人」もいます。日本に住んでいたら、良い人にも出会うし悪い人にも出会います。

当たり前です（笑）。

もし、ある外国の人が「日本人はみんな悪いやつだ」と吹聴していたら、日本に住んでいるみなさんは「いやいや、そんなことはないですよ」といいたくなりますよね。

なぜかというと、日本に住んでいたら良い人がいることを知っているからです。

こんなふうに、ある人がAだといっていたとして、それに反論するために「いやいや、Aではないケースもあるよ」ということを「反例を挙げる」といいます。

Aではないケースのことを「反例」というわけですね。

数学の場合、あることが「真」であるということを証明するためには、**すべてのケースで正しいと証明**しなければいけません。

例外が1つでもあれば、そのことは「偽」になります。「日本人はみんな悪いやつだ」というならば、数学的には全日本人を調査して、一人残らず全員が悪いやつだ、と証明しなければならないのです（そもそもが「悪いやつ」の定義が難しいのですが、そこはクリアしたとしましょう）。

逆にあることが**「偽」であることを証明するには、1つでもそのことに合わないことを挙げればいい**のです。

数学の証明で使われる基本の1つがこの「反例を挙げる」という方法です。

数学だけでなく、実は日常会話でもよく使われる論法です。

要するにそこを突き詰めると「○○人は△△だ」という命題はすべて偽であるということになります。その手の発言は数学ではご法度ということです。

ちなみにこの手の分野は数学では「基礎論」、もしくは「数学基礎論」などと呼ばれ、かなり哲学と近い分野です。

例えば「○○の問題は証明できない」とか、逆に「○○の問題はこうすれば必ず解けるが、コンピュータでもむちゃくちゃ時間がかかる」などのことを証明します。

ある問題を一生かけて証明しようとしている素晴らしい数学者に、「あなたがしようとしている証明は、一生かけても証明できないですよ」と教えてあげることもできるわけで、その数学者の素晴らしい頭脳を別の数学の定理に使ったりできるというわけです。

一般の人からはかなりかけ離れた世界ではあるのですが、実は数学基礎論を研究している学者はたくさんいて、多くの頭脳とエネルギーがそこに費やされています。不思議な話ですね。

とにかく**集合を突き詰めたら世界でケンカも起こらないし、平和になる**ということ。そして、人類の発展に相当、役に立っているということだけ、みなさんにお伝えしておきます。

さて、久々に「集合」という言葉を目にした人も多かったのではないでしょうか。

次章からの「場合の数（順列・組合せ）」も、とても重要な単元です。なぜなら、「確率」や「期待値」がわからないという人のほとんどは、実はここでつまずいている場合が多いからです。

しっかり、おさらいしていきましょう。

素数の集合
{2, 3, 5, 7, 11, 13, 17, 19, …}
無限
反例
2 ← 偶数

第 2 章

場合の数

（順列・組合せ）

何通りあるか？ を
割り出して決断

「確率」の基本……「場合の数」

「集合」を一通り見てきましたので、次はいよいよ「期待値城」の外堀の中に入っていきます。少し期待値城の雰囲気が感じられる領域に入ったことになります。

ところで、確率の定義は「場合の数」で与えられます……といわれてもなんのこっちゃ、ですよね。

そこで次の「確率」の章の最初に出てくる式をみなさんに、ここでガツンとお見せしましょう。

「事象Aが起こる確率」とは、

$$\frac{\text{事象Aの起こる場合の数}}{\text{起こりうる全事象の場合の数}}$$

です。

分母にも分子にも「場合の数」という文字が入っていますね。

すなわち、**確率を理解するためには、場合の数の基本を知っておく必要がある**のです。

いいかえると、場合の数の概念を知らないまま確率や期待値の勉強を始めても、結局はさっぱりわからないことになってしまうのがオチです。それほど重要な概念だということです。

本章では場合の数（順列・組合せ）について解説していきます。

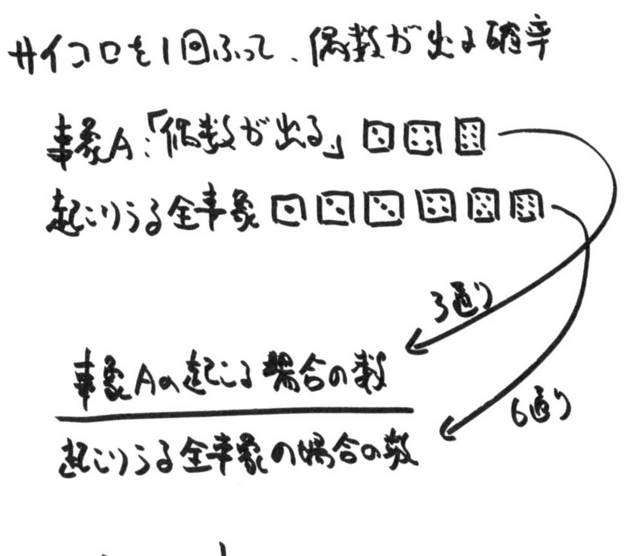

1 積の法則

場合の数を考える基本として「**積の法則**」があります。「**積」とはかけ算のこと**です。

例としてサイコロ1個とコイン1個を同時に投げることを考えましょう。

サイコロ1個を投げたときに出る目の場合の数は、1，2，3，4，5，6の6通りです。

コイン1個を投げたときに出る場合の数は、表と裏の2通りです。

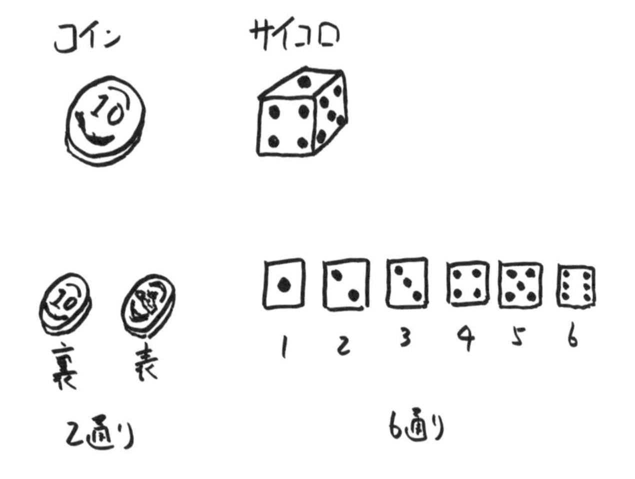

では、サイコロ1個とコイン1個を同時に投げて起こる結果は何通りあるでしょう。すべて書き出してみましょう。

（1，表）、（1，裏）、（2，表）、（2，裏）、（3，表）、（3，裏）、（4，表）、（4，裏）、（5，表）、（5，裏）、（6，表）、（6，裏）、

サイコロの6通りそれぞれに「表、裏」の2通りが起こりうるので、6×2＝12通りと考えることができます。

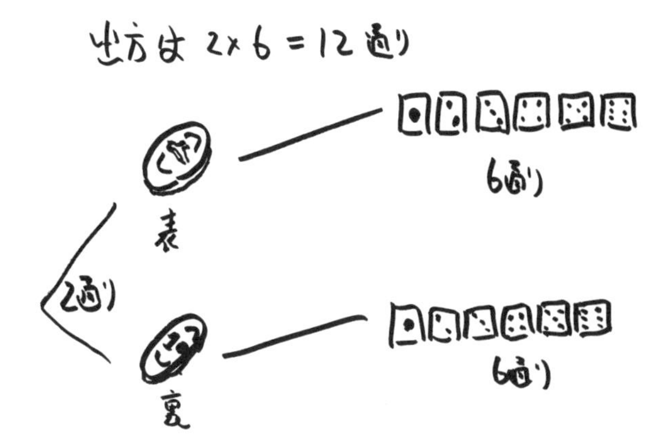

このように、2つの事柄がそれぞれ別々に起こる場合に、すべての場合の数を計算したい場合は、それぞれの場合の数どうしをかけ算すればよいことがわかります。

これを「積の法則」と呼びます。

「場合の数」練習問題&解答①

❶A市からB市に行く方法が3通り、B市からC市に行く方法が4通りである場合、A市からC市に行く方法は何通りあるでしょうか?

❷鉛筆8種類、消しゴム5種類の中から鉛筆1本と消しゴム1個を選ぶ選び方は何通りでしょうか?

❸あるテイクアウト専門珈琲店ではブレンドコーヒー、アメリカンコーヒー、カフェラテ、カフェモカの4種類のコーヒーを取り扱っていて、それぞれS, M、L、XLの4つのサイズを選べます。このお店で注文できるメニューの種類は何通りでしょうか?

〈解答〉

❶12通り

3通り×4通り=12通り

❷40通り

8通り×5通り=40通り

❸16通り

4通り×4通り=16通り

2 順列の基本

異なったものを**1列に並べる場合の数を「順列」**といいます。

例として「1」「2」「3」「4」と書かれた4枚のカードを並べて置く場合の数を考えてみましょう。

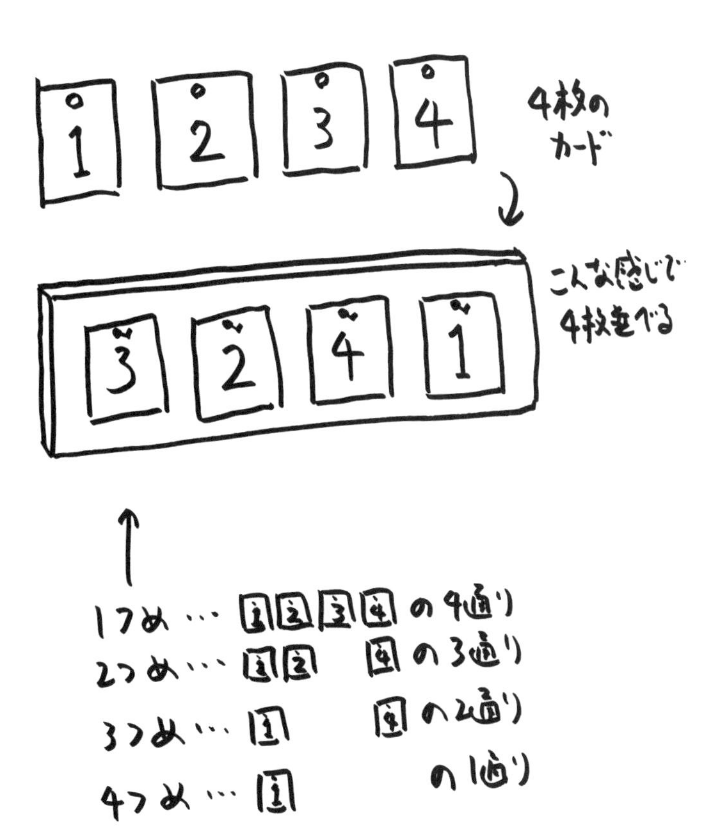

まず一番左に置くことができるカードの種類は4種類です。

次に左から2番目の場所に置くことができるカードの種類はというと、実はすでに一番左に1枚カードを置いてしまっているので、3通りしか選ぶことができません。

さらに左から3番目の場所に置くことができるカードは、すでに2枚のカードを使ってしまっているので、残り2通りとなります。一番右の場所には残ったカードが自動的に入るので、1通りです。

これらはすべて「積の法則」を使えるので、結局4枚のカードを並べて置く場合の数は次のようになります。

$4 \times 3 \times 2 \times 1 = 24$通り

n個の異なるものを1列に並べて置く順列の場合の数は、次の数式で表すことができます。

$$n \times (n-1) \times (n-2) \times (n-3) \times \cdots\cdots \times 1$$

このように**1つずつ減らして、すべてかけ算する**といいわけです。

「場合の数」練習問題&解答②

❶生徒5人が1列に整列する場合、並び方は何通りでしょうか?

❷「A」「B」「C」「D」「E」「F」と書かれた6枚のカードを並べて置く場合の数は何通りでしょうか?

❸1, 2, 3, 4, 5, 6, 7の7個の数字を1つずつ使ってできる7ケタの整数は何個あるでしょうか?

〈解答〉

❶120通り

5×4×3×2×1=120通り

❷720通り

6×5×4×3×2×1=720通り

❸5040通り

7×6×5×4×3×2×1=5040通り

3 階乗とは?

順列を計算するときには5×4×3×2×1という感じで、ある数から1つずつ減らしてかけ算することが何度も出てきますが、その際にいちいちかけ算の記号を使って式を書くのはけっこう面倒です。

そこで実際には**「階乗」という計算記号を使って、簡単に表す**のが一般的です。

例えば先ほどの5×4×3×2×1は「5!」と書きます。

この「!」を数学では「階乗」と呼び、英語では「factorial（ファクトリアル）」といいます。

$$5! = 5 \times 4 \times 3 \times 2 \times 1$$

「5の階乗」と読む

1つずつへらして全部かけ算する

簡単に例を書くと、次のような感じになります。

$$7! = 7 \times 6 \times 5 \times 4 \times 3 \times 2 \times 1$$

ちなみに、階乗計算はこれから何度も出てくるので、ある程度は答えを覚えてしまってもいいかもしれません。

$2! = 2,$　$6! = 720,$
$3! = 6,$　$7! = 5040,$
$4! = 24,$　$8! = 40320,$
$5! = 120,$

このような感じです。

なお、「!」を使った計算では、かけ算や割り算の記号よりも「!」の計算のほうが優先されます。

例えば $12 \div 3!$ は、先に $3!$ を計算して6を出してから、それで12を割ります。

$$12 \div 3! = 12 \div 6 = 2$$

「場合の数」練習問題&解答③

次の計算をしてください。

❶ $3! \times 4!$

❷ $3 \times 7!$

❸ $8! \div 5!$

〈解答〉

❶144

$3! \times 4! = 3 \times 2 \times 1 \times 4 \times 3 \times 2 \times 1 = 144$

❷15120

$3 \times 7! = 3 \times 7 \times 6 \times 5 \times 4 \times 3 \times 2 \times 1 = 15120$

❸336

$8! \div 5! = 8 \times 7 \times 6 \times 5 \times 4 \times 3 \times 2 \times 1 \div (5 \times 4 \times 3 \times 2 \times 1) = 8 \times 7 \times 6 = 336$

4 一般的な順列

先ほどまで取り扱っていたのは、n個の異なるものをすべて並べる順列でしたが、**日常生活ではn個の異なるもののうち、r個を取り出して並べる順列がよく出てきます。**

例として10人のメンバーから「会長」「副会長」「書記」「会計」を1人ずつ選出する場合の数が何通りあるか考えてみましょう。

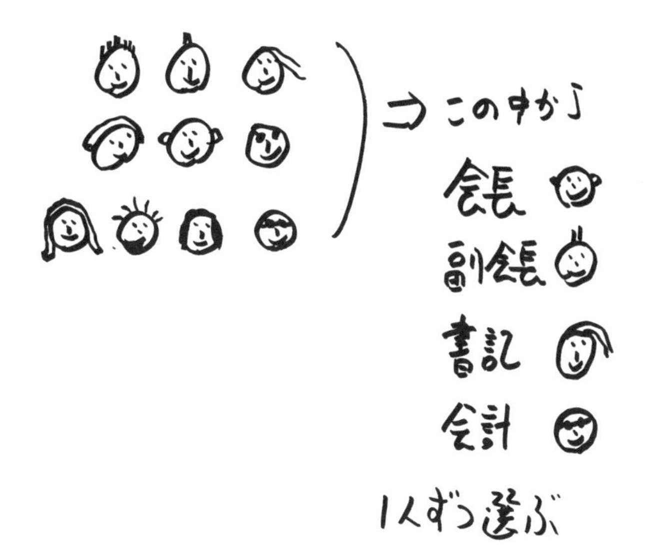

まず会長の選び方は10通り、
次に副会長は会長以外の9人から選ぶので9通り、
書記は会長、副会長以外の8人から選ぶので8通り、
会計は会長、副会長、書記以外の7人から選ぶので7通り、
積の法則により、10×9×8×7＝5040通り

これが答えです。

このように、n個の異なるものの中からr個を取り出して並べるのが、一般的な順列です。

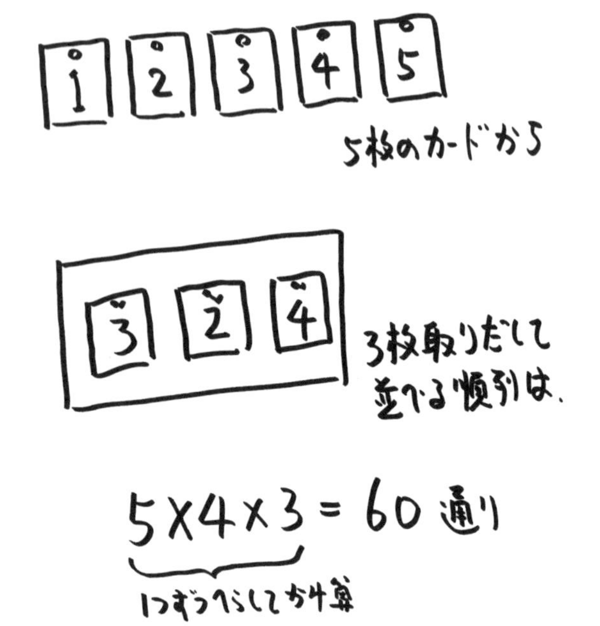

「場合の数」練習問題&解答④

次の場合の数は何通りあるでしょうか?

❶1から9の数字が書かれた9枚のカードから4枚をランダムに引いて並べて置く場合の数

❷30人のクラスで委員長と副委員長を1人ずつ選ぶ場合の数

❸映画館の6つの座席に3人が腰かける場合の数

〈解答〉

❶3024通り

9×8×7×6＝3024

❷870通り

30×29＝870

❸120通り

6×5×4＝120 (6つの座席から3つを選んで並べると考える)

5 順列の記号

n個の異なるものからr個を選んで並べる順列の計算も、**いちいち式を書くと面倒なので記号で表すのが一般的**です。

例えば87ページのように10人のメンバーから4人を選んで並べる順列は10×9×8×7で計算できるのですが、これは$_{10}P_4$と表します。

$$_{10}P_4 = 10\times 9\times 8\times 7$$

nPrの計算のしかたは、nから順番に1ずつマイナスしていって、r個になるまでかけ算します。例えば、次のような感じです。

$$_{7}P_5 = 7\times 6\times 5\times 4\times 3 = 2520$$

ちなみに「P」は「順列」を表す英語「Permutation」の頭文字です。

また国によっては表記が違う場合があります。

「場合の数」練習問題&解答⑤

次の計算をしてください。

❶ ${}_9P_4$

❷ ${}_5P_3 \times {}_6P_3$

❸ ${}_{10}P_5 \div {}_8P_3$

〈解答〉

❶3024

$9 \times 8 \times 7 \times 6 = 3024$

❷7200

$5 \times 4 \times 3 \times (6 \times 5 \times 4) = 7200$

❸90

$10 \times 9 \times 8 \times 7 \times 6 \div (8 \times 7 \times 6)$

$= 10 \times 9 = 90$

6 組合せと順列の違い

10人のクラスから委員長と副委員長を選出する場合の数は、順列を使って、次のように求めることができます。

$$ {}_{10}P_2 = 10 \times 9 = 90 $$

このように90通りとなります。では10人のクラスから2人のクラス委員を選出する場合の数は何通りでしょうか。

「そりゃさっきと一緒で90通りなんじゃないんですか?」と思ったみなさん、よく考えてみてください。

委員長にAさん、副委員長にBさんを選出するのと、委員長にBさん、副委員長にAさんを選出するのは別のことなので、2通りと数えますが、「クラス委員を選出する」という意味では同じことです。

すなわち「委員長と副委員長を選出する」場合では2通りと数えているものが、「2人のクラス委員を選出する」という場合は1通りと数えることになるのです。

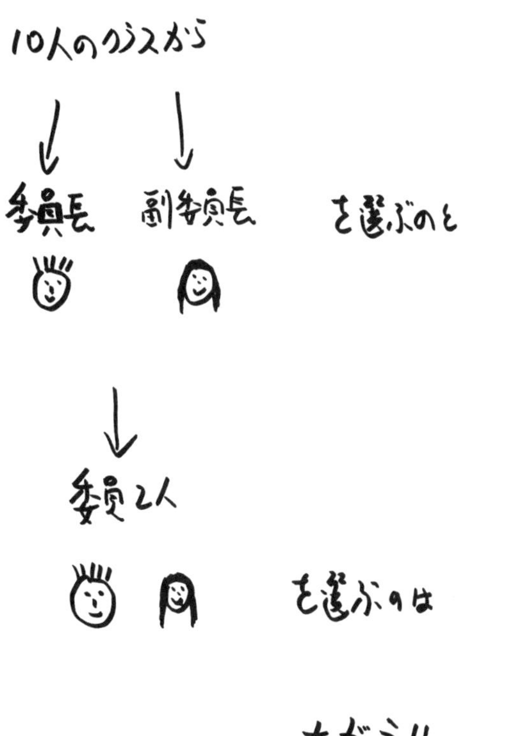

「n個の異なるものの中からr個を選ぶ」概念を「組合せ」と呼び、「順列」とは区別する必要があります。もう一度整理すると、次のようにまとめることができます。

「n個の異なるものの中からr個を選んで並べる」のが順列、
「n個の異なるものの中からr個を選ぶ」のが組合せ

「場合の数」練習問題&解答⑥

次の問題は「順列」ですか、「組合せ」ですか?

❶20人のクラスでリレーの選手を4人選ぶ

❷20人のクラスで演劇の「主役」と「敵役」を一人ずつ選ぶ

❸20人のサッカー部員から5人の強化選手を選ぶ

〈解答〉

❶組合せ
(リレーの選手の走る順番まで考えたら順列)

❷順列

❸組合せ

7　組合せの計算のしかた

例えば6人の中から3人の代表を選ぶことを考えます。これが「**組合せ」の計算になる**ということはみなさん、よろしいでしょうか。

組合せの計算の際には、まず順列を計算します。6人から3人を選んで並べることを考えると、その順列の総数は$_6P_3 = 6 \times 5 \times 4 = 120$通りとなります。

次にこの120通りの中で、ダブっている個数を考えます。仮に6人から選ばれる3人をA，B，Cとして、順列の場合だと$3! = 3 \times 2 \times 1 = 6$通りと数えているものを、組合せの場合だと1通りと考えるわけですから、$120 \div 6 = 20$、すなわち答えは20通りということになります。

順列と組合せの関係は次の通りです。

ABC，ACB，BAC，BCA，CAB，CBA　の6通り→組合せでは1通り

一般に、n個の異なるものからr個を取り出す組合せは次の式で計算できます。

nPr÷r!

要は組合せの基本は順列だというわけです。

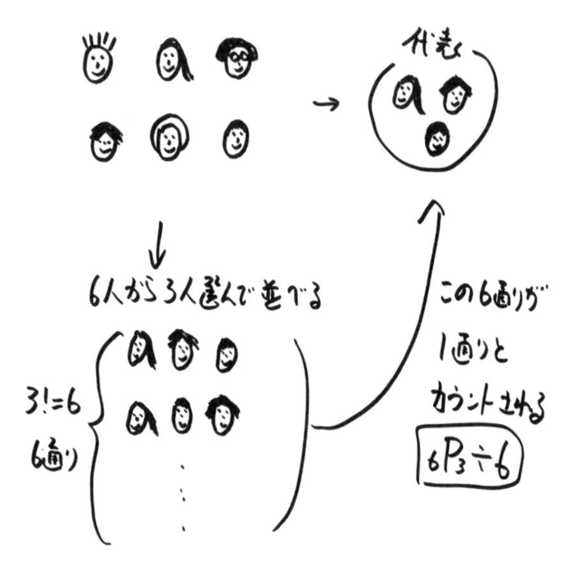

「場合の数」練習問題&解答⑦

❶7人の運転手からある仕事の担当者3人を選ぶ組合せは何通りですか？

❷1から8までの数字がそれぞれ書かれた8枚のカードをよく混ぜて4枚のカードを取り出す組合せは何通りですか？

❸ある運動部の11人の部員から5人の出場選手を選ぶ場合の選び方は何通りですか？

〈解答〉

❶ ${}_7P_3 \div 3! = (7\times6\times5) \div (3\times2\times1) = 35$通り

❷ ${}_8P_4 \div 4! = (8\times7\times6\times5) \div (4\times3\times2\times1)$
$= 70$通り

❸ ${}_{11}P_5 \div 5! = (11\times10\times9\times8\times7)$
$\div (5\times4\times3\times2\times1) = 462$通り

8 組合せの記号

n個の異なるものからr個を選ぶ組合せの計算も、順列と同じように、いちいち式を書くと面倒です。ですので一般的に記号で表します。

例として10人のメンバーから4人を選ぶ組合せを考えてみましょう。この組合せは次の式で求められます。

$$10 \times 9 \times 8 \times 7 \div (4 \times 3 \times 2 \times 1)$$

これを${}_{10}C_4$と表します。すなわち、次の関係が成り立つというわけです。

$${}_{10}C_4 \quad = \quad 10 \times 9 \times 8 \times 7 \div (4 \times 3 \times 2 \times 1)$$

$${}_{10}C_4 = \frac{{}_{10}P_4}{4!}$$

$$= \frac{10 \times 9 \times 8 \times 7}{4 \times 3 \times 2 \times 1}$$

$$= 210$$

上側は10から1つずつへらして4つかけ算

下側は4から1つずつへらしてかけ算

nCrの計算のしかたは、nから順番に1ずつマイナスしていって、r個になるまでかけ算したものをr!で割ります。例えば、次のような感じです。

$$ {}_9C_4 = 9\times8\times7\times6\div(4\times3\times2\times1) = 126 $$

ちなみに「C」は「組合せ」を表す英語「Combination」の頭文字です。また国によっては表記が違う場合があります。

${}_nP_r$ のことを $P(n,r)$ や、${}^nP_r$ と書く国もあります。

同様に ${}_nC_r$ のことを $C(n,r)$ とか、C^n_r とか、${}^nC_r$ と書く国も多くあります。

$\binom{n}{r}$ と書く国も見かけます。

「場合の数」練習問題&解答⑧

次の計算をしてください。

❶ ${}_{10}C_3$

❷ ${}_{5}C_3 \times {}_{6}C_3$

❸ ${}_{11}C_5 \div {}_{5}P_3$

〈解答〉

❶ 120

$$\frac{10\times 9\times 8}{3\times 2\times 1}=120$$

❷ 200

$$\left(\frac{5\times 4\times 3}{3\times 2\times 1}\right)\times\left(\frac{6\times 5\times 4}{3\times 2\times 1}\right)$$

$$=10\times 20=200$$

❸ $\frac{77}{10}$

$$\left(\frac{11\times 10\times 9\times 8\times 7}{5\times 4\times 3\times 2\times 1}\right)\div(5\times 4\times 3)$$

$$=462\div 60=\frac{77}{10}$$

9 組合せの性質

組合せの計算「nCr」には**いくつかの興味深い性質があります。**その1つが以下の数式です。

nCr = nCn-r

これは「n個のものからr個を選ぶ」ということと「n個のものからn－r個を選ぶ」ということは同じだということを表します。どういうことかというと、「n人から出場選手r人を選ぶ」ことと「n人から出場しない選手n－r人を選ぶ」ことは一緒だということです。

例えば8人のチームから5人の出場選手を選ぶということは、8人のチームから3人の出場しない選手を選ぶことをも意味しています。もちろん計算結果も等しくなります。

${}_8C_5 = {}_8C_3 = 56$ です。

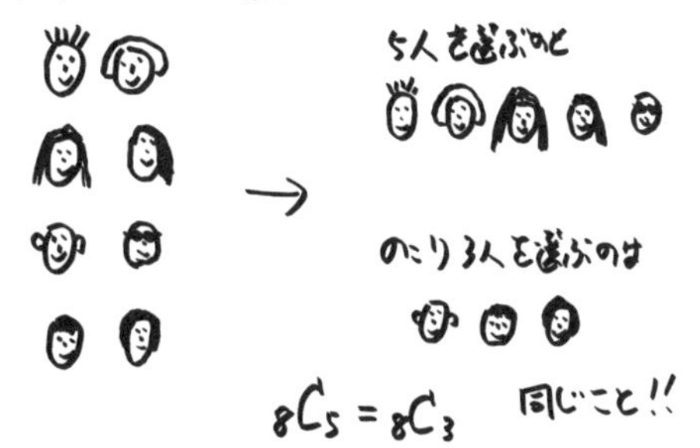

次に以下の数式もあります。

$$_nC_0 = 1$$

「n個のものから0個を選ぶ組合せは0通りだ」とよく勘違いする方がいらっしゃいますが、それは間違いです。

正しくは「n個のものから0個を選ぶ組合せは、なにも選ばないという1通り」が正解です。

式で書くと$_nC_0$＝1ということです。

ちなみに0!＝1、$_nP_0$＝1も成り立ちます。不思議に見えるかもしれませんが、**あまり難しく考えずにそう覚えておく**ことですべてがうまくいきます。

$0! = 1$　(0ではない!!)

$_5P_0 = 1$　(0ではない!!)

$_7C_0 = 1$　(0ではない!!)

「場合の数」練習問題&解答⑨

次の計算をしてください。

❶ ${}_{40}C_{38}$

❷ ${}_{10}C_{9}\times{}_{10}C_{8}$

❸ ${}_{4}C_{0}\times{}_{4}C_{1}\times{}_{4}C_{2}\times{}_{4}C_{3}\times{}_{4}C_{4}$

〈解答〉

❶780

$${}_{40}C_{38}={}_{40}C_{2}$$
$$=\frac{40\times39}{2\times1}=780$$

❷450

$${}_{10}C_{9}\times{}_{10}C_{8}$$
$$={}_{10}C_{1}\times{}_{10}C_{2}=10\times\frac{10\times9}{2\times1}=450$$

❸96

$${}_{4}C_{0}\times{}_{4}C_{1}\times{}_{4}C_{2}\times{}_{4}C_{3}\times{}_{4}C_{4}$$
$$=1\times4\times6\times4\times1=96$$

Column

子どもが産まれるということ

さて、「場合の数」が「確率」を理解するうえで基本になることは、なんとなく感じられたのではないでしょうか。というより、人類存続の基本かもしれません。

みなさんはこの世で1人しかいません。当たり前のことです。

もしもお父さんとお母さんが同じ遺伝子を出し続けるのであれば、みなさんの兄弟姉妹は、男女差も含めて全員同じ人が産まれてしまいます。もちろん後天的に備わるいろいろなファクターはあったとしても、先天的に備わる「形質」はたとえ同じ人物に由来するものでも、すべての精子と卵子で異なります。それはまさに縁というものです。

ところで、その**遺伝子とはどのようなものなのでしょうか?**

中学校や高校の生物で学習するかもしれませんが、遺伝子をかたちづくっているのが、よく会話でも出てくるDNAです。

ザックリというと、遺伝子はA（アデニン）、T（チミン）、G（グアニン）、C（シトシン）という4種類の「塩基」がつながり、1本の鎖のような形をしています。人間の場合はその鎖が基本的に46本（ただし2本ずつがお互いに絡み合ってらせん構造をなしている）あり、「それらの塩基がどのようにつながっているか」がまさに「遺伝情報」です。そして、よく耳にする「ゲノム解析」とは、「46本の染色体のうち、どの部分がどのような情報を伝えるのか」の解析です。

ちなみに1つの細胞の中に格納されている塩基の数は、人間の場合で30億対（2つずつ、ペアになってつながっているので、30億塩基対といういい方をします）です。すごい数の情報がこの中に収まっているということで、ザックリいうと4の30億乗通り（4の30億倍ではなく、4の30億乗通りですよ!）の場合の数の中で、たった1種類の遺伝子がそれぞれの人の中で何個も何個も増殖されてみなさんの体細胞となるわけです。

4の5乗＝4×4×4×4×4＝1024なので、これをザックリ1000と考えると**1の後に0が18億個つく数字**です。塩基配列だけで見ると、膨大な場合の数が1つの遺伝子に格納できるということです。

そのような、みなさんの**DNAの塩基配列が、世の中でただ一人しかいない**、みなさんの個性となって受け継がれているのです。

そして、それはみなさんの両親、その両親、さらにその両親……何代も何代も昔から受け継がれて今のDNAになっています。もっというなら、そのDNAに受け継がれてきた遺伝子は、もしかすると人間になる前の動物やプランクトンの時代のDNAから引き継がれてきた部分もあるのかもしれません。

いずれにしても、みなさんがりっぱに人間として生きている以上、それは塩基配列という目で見たら**「奇跡」のたまもの**なのです。

DNAはそれほど貴重な存在です。宇宙のようなスケールの大きな話になりましたが、そう考えたらこの**世の中のちっぽけな悩みとか、もうどうでもよくなりませんか。**

第3章

確率

確率の積み重ねで
人生が変わる

「確率」には「人間臭さ」が満載

「期待値城」の内堀の中まで入ってきました。今まで長い道のりでしたが、ここからが本筋ともいえます。目の前には「期待値城」の天守閣がそびえています。

期待値を攻略するには、まず確率に強くなっておくことが必須です。というのも、期待値というのは確率と値をかけ算して計算するからです。すなわち、**確率を攻略して初めて期待値が計算できる**ということになります。

そんなわけで確率をここでは取り上げます。確率はとても奥が深い分野です。別の言葉でいうと**「人間臭さ」が満載の単元**です。

確率の基本問題では、実は暗黙の了解があります。サイコロはすべての目が必ず同じ確率で出てくる、とか、じゃんけんをしたら必ずグー、チョキ、パー$\frac{1}{3}$ずつで出すとか、そういうことです。

その暗黙の了解を「同様に確からしい」などと表現するのですが、その**暗黙の了解があるおかげで、確率の問題が「場合の数」だけの問題になる**のです。その意味で「場合の数」はとても重要です。

一方で、**その暗黙の了解が崩れる問題もありえます**。例えばサイコロの1の目の裏におもりが仕掛けてあって、その反対側の6の目だけ出やすいサイコロがあったとしましょう。そんなサイコロを使った確率は、普通のサイコロとぜんぜん違う結果が出てくることになります。

そしてその場合は「場合の数」では太刀打ちできないことも大いにありうるのです。

確率というのはそういう「人間臭さ」さえも内包することができる概念です。そして「確率」に強くなっておくだけでも、**人生のある瞬間で素晴らしい力を発揮する**ことでしょう。

天守閣に入る前に、これまで通り少しお勉強をしていただきます。

1　まずは確率の基本用語を

ここにカードが3枚あります。裏面はすべて同じ模様があって区別がつきません。表面には、3枚のカードそれぞれに「1」「2」「3」と数字が書いてあります。

この3枚のカードをよく混ぜて、テーブル上に裏を向けて、3枚を並べて置きました。この中から1枚を選んでめくるときに「1」のカードが出てくる確率はいくらでしょう?

はい、もちろん答えは「$\frac{1}{3}$」です。3つの可能性があるうち、1つが「1」のカードなので、$\frac{1}{3}$となります。

確率の分野でよく使われる用語をここで確認しておきましょう。

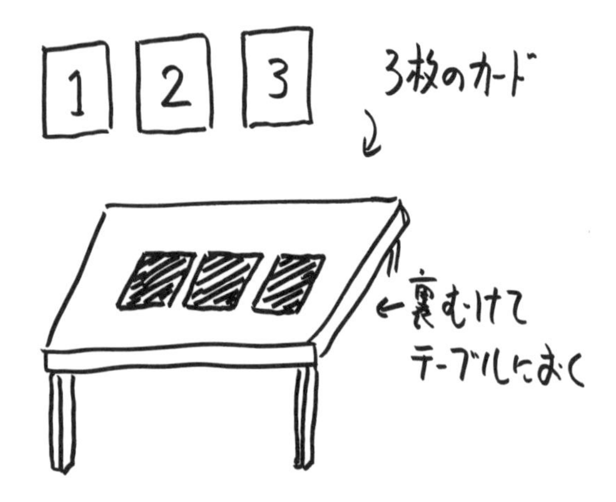

なにかをすることを「試行」といい、試行を行った結果**起こりうると考えられる事柄を「事象」**といいます。

例えば先ほどのカードの例でいえば、テーブルに置かれた3枚のカードから1枚を選んでめくることを「試行」といい、その結果起こりうる「1」「2」「3」が出ることを「事象」といいます。

「事象Aが起こる確率」は次のように表すことができます。

$$\frac{\text{事象Aの起こる場合の数}}{\text{起こりうる全事象の場合の数}}$$

先ほどの例だと「1」が出る確率は次の通りです。

「1」が出る場合の数＝1通り、
起こりうる全事象の場合の数＝3通り

したがって$\frac{1}{3}$となるわけです。

事象Aの起こる確率

$$= \frac{\text{事象Aの起こる場合の数}}{\text{起こりうる全事象の場合の数}}$$

1が出る確率

$$= \frac{\text{1の1通り}}{\text{1 2 3の3通り}} = \frac{1}{3}$$

↑
全事象

「確率」 練習問題①

「1」「2」「3」「4」「5」と書かれた5枚のカードをよく混ぜて、テーブル上に裏を向けて5枚を並べて置きました。次の確率を答えてください。

❶この中から1枚を選んでめくるときに偶数のカードが出てくる確率

❷この中から同時に2枚を選んでめくるときに「1」と「2」のカードとなる確率

❸この中から同時に2枚を選んでめくるときに、その2枚の数字の合計が奇数となる確率

解答②

❶ $\frac{2}{5}$

「偶数」が出る場合の数＝2通り、起こりうる全事象の場合の数＝5通り
なので、$\frac{2}{5}$

❷ $\frac{1}{10}$

「1」と「2」が出る場合の数＝1通り、起こりうる全事象の場合の数＝${}_5C_2$＝10通り

❸ $\frac{3}{5}$

2枚の数字の合計が奇数となる場合の数は（1,2），（1,4），（2,3），（2,5），（3,4），（4,5）の6通り、起こりうる全事象の場合の数＝${}_5C_2$＝10通り
なので、$\frac{6}{10}=\frac{3}{5}$

2 「同様に確からしい」という概念

ある人がこんなことをいいました。

カードを1枚めくったときに、出てくる結果は「1」と「1以外」の2通りしかない。だからこの中から1枚を選ぶときに「当たり」のカードが出てくる確率は$\frac{1}{2}$だ。

この人の間違いを的確に指摘することはできますか?

1 が出る
1 が出ない
2通り？

「1が出る」「1が出ない」は同様に確からしくない ×

「1が出る」「2が出る」「3が出る」は同様に確からしい ○

確率で重要なことは「起こりうる全事象」が「同様に確からしい」ことです。

「同様に確からしい」というのは、確率の概念を考える際に重要なキーワードですが、要するに**起こりうるすべての事象が、どれも同程度に起こりうる**ということです。

この人はカードを1枚めくったときに、出てくる結果は「1」と「1以外」の2通りしかないといっていますが、この2つの事象は同程度に起こるわけではないのです。

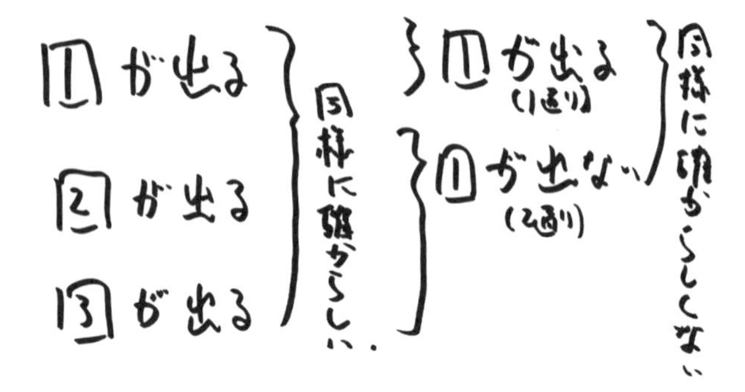

「確率」練習問題②

次の発言は正しいでしょうか、正しくないでしょうか？

「じゃんけんを1回だけするときに、全事象は、（グー、チョキ）（グー、パー）（グー、グー）（チョキ、パー）（チョキ、チョキ）（パー、パー）の6通りで、そのうちあいこになる事象は3通りなので、じゃんけんを1回してあいこになる確率は$\frac{3}{6}$すなわち$\frac{1}{2}$」

じゃんけん

グー　グー

チョキ　チョキ

パー　パー

解答②

正しくない。

問題にある6通りは同様に確からしくないので。

正しくは以下の通り。

2人をAさん、Bさんとすると、全事象は3通り×3通り＝9通り

そのうち、あいこになるのは3通りなので、正しい答えは$\frac{3}{9}=\frac{1}{3}$

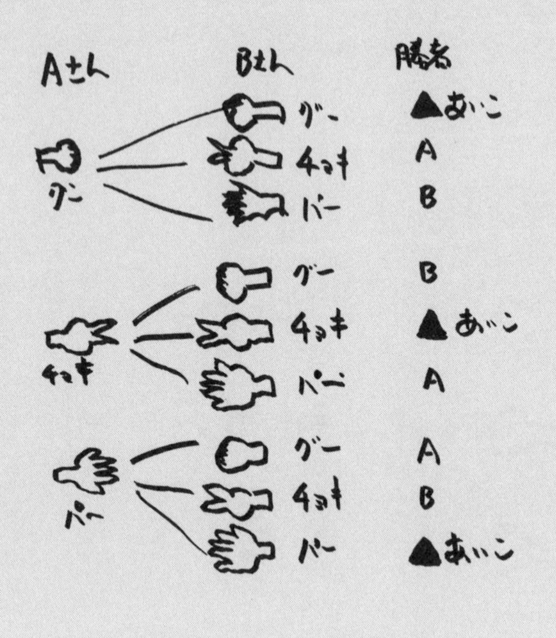

3 同様に確からしくない例（1）

確率を考える際の前提として、すべての起こりうる事象が「同様に確からしい」ということが重要だということをお伝えしました。ここで**「同様に確からしくない」**例を見ておきましょう。

例えば、いろいろなカードがあるけれど、いくつかのカードが同じ種類の場合は、そのまま種類の概念で考えてしまうと同様に確からしくなくなってしまいます。

「1」「2」「3」「4」「4」

という5枚のカードから1枚を引いて、「4」が出る確率はいくらでしょうか。

このような場合に、全事象は「1」「2」「3」「4」の4通りだから答えは$\frac{1}{4}$、と考えてはいけません。

これら4つの事象は同様に確からしくないからです。

では、どう考えるかというと、「4」は2枚あるので、それぞれ「4A」「4B」などと違う名前をつけて、別のカードと考えるのです。そうすると次のように考えることができます。

全事象は「1」「2」「3」「4A」「4B」の5通り、「4」が出る事象は「4A」「4B」の2通り

こう考えると正しい答え$\frac{2}{5}$が出てきます。

[1][2][3][4][4] から1枚を引く試行

全事象 [1][2][3][4] と考えると同様に確からしくない…×

全事象 [1][2][3][4A][4B] と考えると同様に確からしい ○

「確率」練習問題③

次の確率を求めてください。

❶「1」「1」「2」「3」「3」「4」「5」の7枚のカードから1枚を引いて奇数のカードが出る確率はいくらでしょうか。

❷赤玉が3個、黒玉が2個、白玉が2個入っている袋の中から玉を1個だけ取り出し、赤玉なら1等の景品、黒玉なら2等の景品がもらえ、白玉ならはずれだとします。景品がもらえる確率はいくらでしょうか？

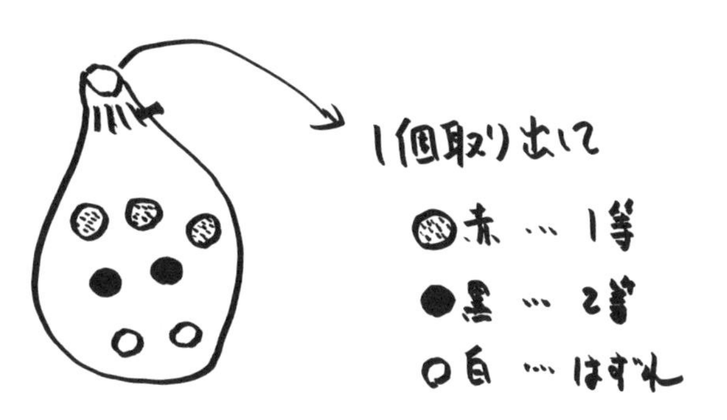

解答③

❶ $\frac{5}{7}$

「1」と「3」と「5」が出る場合の数＝5通り、起こりうる全事象の場合の数＝7通り
なので、$\frac{5}{7}$

❷ $\frac{5}{7}$

「赤」と「黒」が出る場合の数＝5通り、起こりうる全事象の場合の数＝7通り
なので、$\frac{5}{7}$

1等
2等
景品がもらえる
5通り
はずれ 2通り

4 同様に確からしくない例（2）

もう1つ、同様に確からしくない例として、サイコロが少しゆがんでいる場合を考えてみましょう。

例えばここに若干ゆがんでいるサイコロがあるとします。どうみても6つの目の出る事象は「同様に確からしい」という感じがしません。

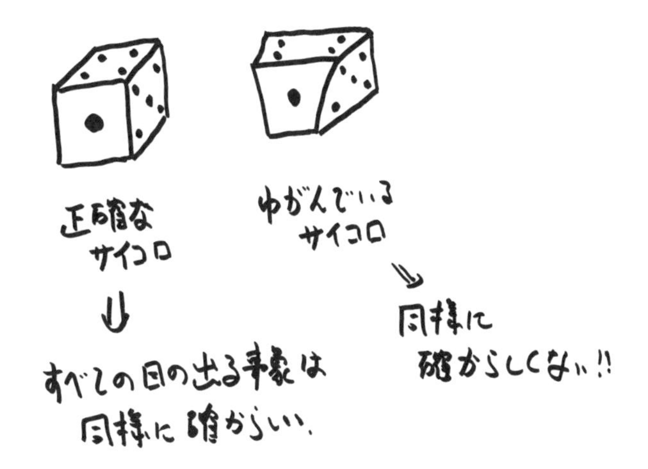

そこでこのサイコロのそれぞれの目がどれぐらいの確率で出るものなのか試しに実験してみることにしました。このサイコロを600回振ってどの目が何回出たかを数えるのです。

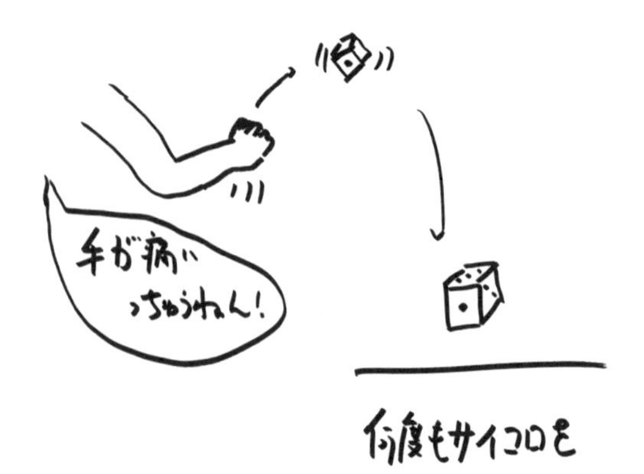

その結果は次のようになりました。

目	1	2	3	4	5	6	計
回数	98	149	97	52	100	104	600

この結果をこのままこのサイコロのそれぞれの目が出る確率として使用するのも可能ですが、これを四捨五入するなどして整えると、次のように考えることができます。

目	1	2	3	4	5	6	計
回数	100	150	100	50	100	100	600

こうすると、すべての目の回数が50の倍数になるので、全部50で割ることで、それぞれの目が出る確率の比がわかります。

目	1	2	3	4	5	6	計
回数	2	3	2	1	2	2	12

こうすることで、それぞれの目の出る確率を次のように推定することができます。

目	1	2	3	4	5	6	計
確率	$\frac{2}{12}$	$\frac{3}{12}$	$\frac{2}{12}$	$\frac{1}{12}$	$\frac{2}{12}$	$\frac{2}{12}$	1

あるいは次のように考えても構いません。1～6の数字が書かれた12枚のカードがあるとします。

「1」「1」

「2」「2」「2」

「3」「3」

「4」

「5」「5」

「6」「6」

この場合に**1枚めくるとなにが出るか、という問題に変換**することができるのです。こうすれば前節の「いくつかが同じ種類のカード」の問題と同じになります。

「確率」練習問題＆解答④

別の少しゆがんだサイコロがあり、これを600回振ってみたところ次のような結果となりました。

目	1	2	3	4	5	6	計
回数	77	125	49	149	124	76	600

それぞれの目がだいたいどれぐらいの割合で出るのか、計算してください。

〈解答〉

25の倍数でデフォルメして考えると、

目	1	2	3	4	5	6	計
回数	75	125	50	150	125	75	600

確率を推定すると、次のようになる。

目	1	2	3	4	5	6	計
回数	$\frac{3}{24}$	$\frac{5}{24}$	$\frac{2}{24}$	$\frac{6}{24}$	$\frac{5}{24}$	$\frac{3}{24}$	1

5 ランダムに複数個を取り出すときの確率

さて、少し難しくなりますが、今までと違って、一挙に複数個取り出すときの確率を考えてみたいと思います。

例えば袋の中に7個の玉があって、そのうち4個は赤、残り3個は白だとしましょう。ここから2個を取り出したときの次の確率を考えてみましょう。

(1) 2個とも同じ色になる確率はいくらでしょうか？
(2) 2個とも違う色になる確率はいくらでしょうか？

このようなときには、先ほどのカードと同様、すべてが違う玉だと考えます。例えば赤の玉には「1」「2」「3」「4」、白の玉には「5」「6」「7」という数字が書かれているとしましょう。

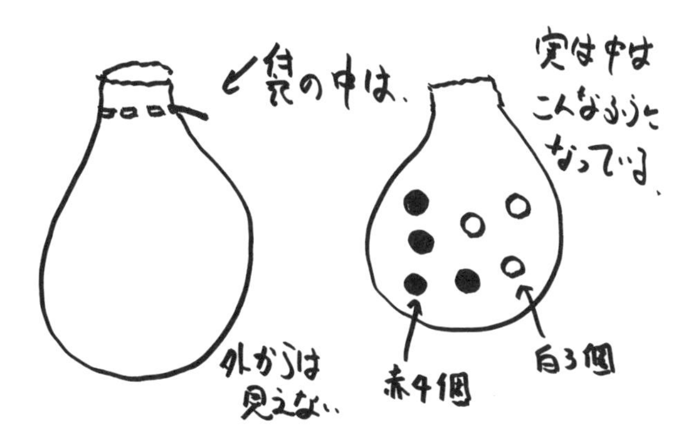

こうすれば**それぞれの数字の玉が出る事象は「同様に確からしい」**ということになります。

ここで、まずはすべての起こりうる事象を計算します。すなわち7個の異なるものの中から2個を取り出すので、

$_7C_2 = \frac{7\times 6}{2\times 1} = 21$通り　ということになります。

この21通りのうち、次のケースを考えればいいわけです。

（1）2個とも同じ色になるのは何通りか？
（2）2個とも異なる色になるのは何通りか？

ここで、まず（1）2個とも同じ色になるものを考えてみましょう。

両方とも赤の場合：
「1」「2」「3」「4」のうちから2個取り出すわけですから
$_4C_2=6$通り

両方とも白の場合：
「5」「6」「7」のうちから2個取り出すわけですから
$_3C_2=3$通り

と考えると同様に確からしい!!

2個とも同じ色 … ●● or ○○

4つから2つ
$= {}_4C_2 = \frac{4\times3}{2\times1} = 6$通り

3つから2つ
$= {}_3C_2 = 3$通り

合計で 9通り!

全体は ${}_7C_2 = \frac{7\times6}{2\times1} = 21$通りなので

2個とも同じ色の確率は $\frac{9}{21} = \frac{3}{7}$ …(答)

すなわち6＋3＝9通りです。ですので（1）の答えは次のように表すことができます。

$$\frac{9}{21} = \frac{3}{7}$$

一方、（2）2個とも異なる色になるのは、次のケースが考えられます。

「1」「2」「3」「4」のうちから1個取り出すわけですから
$_4C_1$＝4通り
「5」「6」「7」のうちから1個取り出すわけですから
$_3C_1$＝3通り

すなわち、4×3＝12通りです。
ですので（2）の答えは次のようになります。

$$\frac{12}{21} = \frac{4}{7}$$

（1）と（2）の答えを足したら1になることも確認しておいてください。

2個とも色が異なる場合

● ○

赤は4つから1つ = 4通り

白は3つから1つ = 3通り

$4 \times 3 = 12$ 通り

よって 2個とも色が異なる確率は、

$\frac{12}{21} = \boxed{\frac{4}{7}}$ …(答)

2個とも同じ色の確率 $\frac{3}{7}$

2個とも異なる色の確率 $\frac{4}{7}$

＞ 合計が $\frac{3}{7} + \frac{4}{7} = 1$

となることを確認!!

「確率」練習問題⑤

袋の中に9個の玉があって、うち4個は赤、残り5個は白だとしましょう。ここから2個を取り出したときに、

❶2個とも同じ色になる確率はいくらでしょうか?

❷2個とも違う色になる確率はいくらでしょうか?

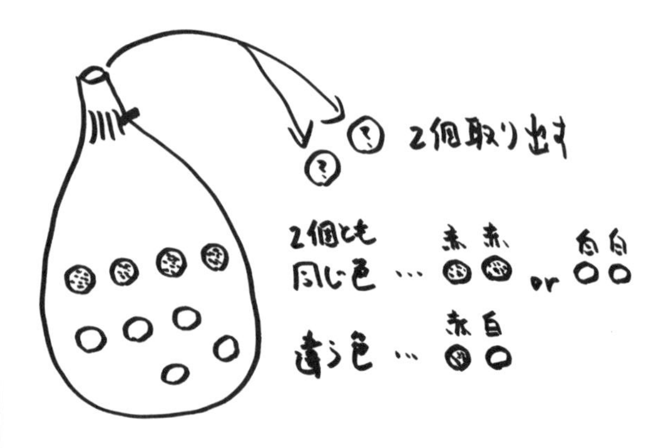

解答⑤

❶ $\frac{4}{9}$

すべての玉が異なると考えると、2個とも同じ色が出る場合の数は次の通り。

赤2個…${}_4C_2 = 6$通り

白2個…${}_5C_2 = 10$通り

起こりうる全事象の場合の数$= {}_9C_2 = 36$通り

よって $\frac{10+6}{36} = \frac{4}{9}$

❷ $\frac{5}{9}$

2個とも違う色が出る場合の数は次の通り。

$4 \times 5 = 20$通り

起こりうる全事象の場合の数$= {}_9C_2 = 36$通り

よって $\frac{20}{36} = \frac{5}{9}$

マーチンゲール法なら負けない!?

負けたら賭け金を没収、勝ったらその額が2倍になる、という賭けごとは世の中にたくさんあります。

この手の勝ち負けがはっきりしている賭けごとの場合に「**マーチンゲール法**」という手を使うと、絶対に負けないというのを聞いたことがありますか?

話を単純にするために、こんなゲームがあるとしましょう。

■コインを1個投げて、表が出るか裏が出るかを予想し、どちらかに好きな金額を賭ける
■予想が当たったら賭け金が2倍になって戻ってくる。逆に外れたら賭け金は没収される

どうでしょうか?
時代劇によく出てくる「丁半博打」や、西洋のルーレット、ポーカーなど、この手の賭けごとは枚挙に暇がありません。最近流行りの「バイナリー」もこの類いです。
この際、次のように賭けるのがマーチンゲール法です。

1回目：好きなほうに賭ける。勝ったらそこで終了、負けたら2回目に進む
2回目：1回目で賭けた金額の2倍の金額を好きなほうに賭ける。勝ったらそこで終了、負けたら3回目に進む。
3回目：2回目で賭けた金額の2倍の金額を好きなほうに賭ける。勝ったらそこで終了、負けたら4回目に進む。

このように**勝つまで永遠に繰り返し**ます。
例えば1回目で100円を賭けたとしましょう。ここで勝ったら100円が200円になるので、ここで終了。100円儲かります。負けたら2回目に進みます。

2回目では200円を賭けます。ここで勝ったら200円が400円になるので、1回目の100円の損と合わせて100円儲かります。負けたら3回目に進みます。

3回目では400円を賭けます。ここで勝ったら400円が800円になるので、1回目の100円と2回目の200円の損と合わせて100円儲かります。負けたら4回目に進みます。

というわけで、このマーチンゲール法と呼ばれる方法は**理論上は勝った瞬間に100円儲かる仕組み**になります。面白いですね。

先ほどの例でいえば、10回目までに一度も勝たない確率は10回全部負け続けないといけないので、1回で負ける確率$\frac{1}{2}$を10回かけ合わせて次のようになります。

$$\frac{1}{2}\times\frac{1}{2}\times\frac{1}{2}\times\frac{1}{2}\times\frac{1}{2}\times\frac{1}{2}\times\frac{1}{2}\times\frac{1}{2}\times\frac{1}{2}\times\frac{1}{2}$$
$$=\frac{1}{1024}$$

ザックリいうなら1000分の1です。逆にいうと、99.9%以上の確率で100円が儲かるということになります。

ここでは最初の金額を100円にしましたが、それを1万円にしたら**99.9%以上の確率で1万円が儲かる**という理論になります。素晴らしくないですか?

では、仮に1回目で1万円を賭けたとしましょう。それで、9回負け続けたとすると、10回目に賭ける金額は2^9（2の9乗）倍なので次の金額になります。

10000×2×2×2×2×2×2×2×2×2＝512万円

要するに512万円を賭けて、勝ったら1万円儲かるわけです。こうなると、「手持ちの現金が512万円ありますか?」という話にもなります。ちなみに14回負け続けた場合だと、15回目の掛け金は4096万円になります。

ちょっとした家が１軒買えそうです。

まとめるとマーチンゲール法には次のことがいえます。

・理論上は最初に賭けた金額だけ勝つことができる
・ただし回が進むにつれて掛け金が莫大になる
・10回とか15回とか負け続けると破産する可能性も

ということで、実際にこれをやる人は、プロの投資家の間ではほぼいないそうです。

筆者の提案としては、マーチンゲール法は**負けても笑っていられる回数でとどめておく**のがいいと思います。

例えば100円を4回負けて、「100円＋200円＋400円＋800円＝1500円」くらいなら笑っていられます。ところが8回ぐらいやってしまうと、「100円＋200円＋400円＋800円＋1600円＋3200円＋6400円＋12800円＝25500円」となり、負け続けている心理的プレッシャーも手伝って、顔はかなり引きつってくるはずです。

ですので、まあ最初の賭け金にもよりますが、4回ぐらいで止めておくのが賢い選択だと思います。

さて、お待たせしました。次章からいよいよ「期待値」に入っていきます。

仮に10回負けたとして

1万円 ×
2万円 × }×2
4万円 × }×2
⋮
512万円 × } この段階での損失をSとすると

→10回連続で負けたら、1000万円の損
⇓
破産

等比級数

$S = 1+2+4+8+\cdots+512$

$2S = 2+4+8+\cdots+512+1024$

−)

$S = 1024-1 = 1023$万円

第4章

期待値

知っているのと
知らないのでは大違い

胡散臭い投資話を見分ける

いよいよ「期待値城」の天守閣に入っていきます。ここからは帽子を取って、靴を脱ぎ、心してゆっくりと階段を一歩一歩登っていきます。

「期待値」をざっくり一言で説明すると、**平均的にいくらぐらいの値が出てくるか**、という値のことです。

例えば1～10の数字がそれぞれに書かれた10枚のカードから、ランダムに1枚を引く場合、1が出てくるかもしれないし、10が出てくるかもしれないのですが、それらすべてを平均すると5.5になるので、期待値は5.5となります。非常に期待値が計算しやすい例です。

一方、いま100万円の株を買ったとして、1か月後に110万円になっているかもしれないし、90万円になっているかもしれないし、平均的にいくらになっているのか、というと、これはそう簡単に計算できるものではありません。

あまりに**不確定要素が大きすぎて、金額ごとの確率が計算できない**からです。

そう考えると、投資における期待値というのはかなり計算が難しいものではあるのですが、一方で、なんらかの事情で期待値がかなり高い投資を偶然発見することもないとはいえません。

その投資をすれば、かなりの確率で儲かるからです。すなわち**「期待値」とは、ありとあらゆる投資の際に考えておくべきファクター**でもあるのです。

よく投資をする人が「期待値の概念をもっと勉強しておくべきだった」などというのを耳にしますが、まさに期待値とは投資をする際の神様のような数値です。

この分野が得意になれば、例えば**「美味しい」投資話と「胡散臭い」投資話を見分けることもできる**ようになるはずですし、人生の重要な分岐点でどちらの道を進むべきか論理的に判断できるようになるはずです。

もちろん、人生の成功や失敗を正確に予測できるというわけではありません。しかし、どんな失敗があろうともくじけない心の強さのようなものを「期待値」の裏づけがあれば得ることができるのです。

1 期待値は「よく当たる占い」

ここから本題の「期待値」について詳しく説明していきます。

まず最初に、みなさんは「期待値」という言葉は、聞いたことがありますか。「高校時代に習った気がするけど、なんだったっけ？」という人も多いかもしれません。

ところで、みなさんは**「占い」を信じるほうですか？** あまり気にしないほうですか？

水晶やタロットや四柱推命などで運勢をみてもらうとき、少し込み入ったことを相談したとしましょう。

例えば「自分の働いている会社の株を200万円で買おうかと思うのですが、その株が2か月後にはいくらぐらいになっているか占ってもらえませんか？」とかいうような相談です。

かなり具体的ですね。占いをする先生も面食らうかもしれません。

そういうときに「2か月後にはおそらく190万円ぐらいになっている可能性が高いですね」と教えてくれたら、うれしいですよね。

この「190万円」のことを数学的には「期待値」といいます。もちろん数学の場合は当てずっぽうではなく、ちゃんと計算しますが。

ですから**期待値とは「よく当たる占い」のようなもの**だということができます。

期待値を知っていれば、例えば「その株に投資するほうがいいのか、しないほうがいいのか」など、大切な判断をする際の大きな材料になります。

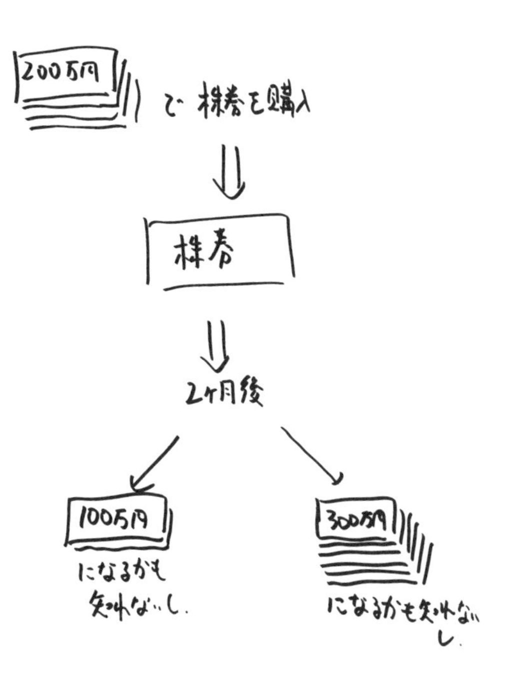

2 期待値の別名は「平均」

ちなみに**「期待値」は別名「平均」**ともいいます。

株の値段が300万円になっている可能性もわずかにあるし、100万円になっている可能性もある。でも平均的に考えると「だいたい190万円ぐらいになっていそう」という意味で平均なのです。

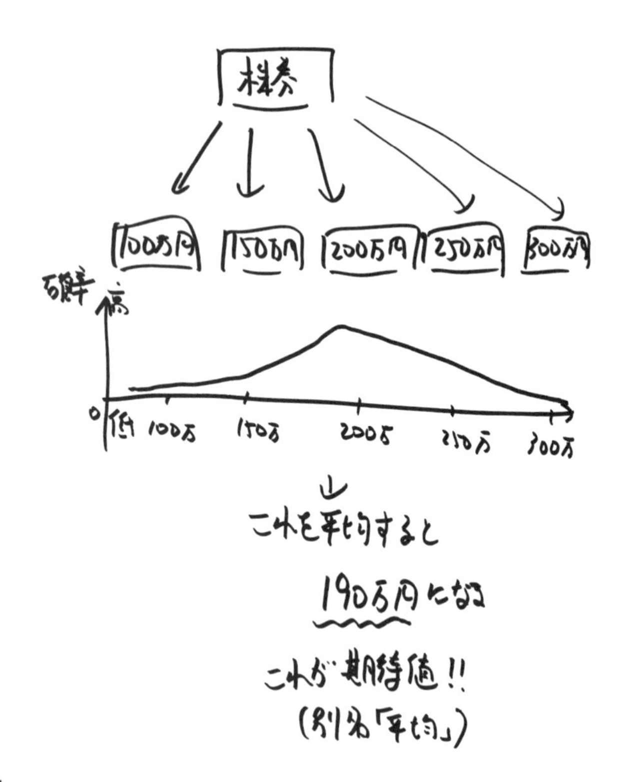

身近な例でサイコロを1個投げることを考えましょう。

サイコロは立方体になっていて面が6つあります。

それぞれの面には「1」「2」「3」「4」「5」「6」の数字が書いてあり（正確には「●」の数で表しますが、ここは数字が書いてあることにしてください）それを振るとどれかの数字の面が、同じ確率で上側に出るしかけになっています。

で、このサイコロを振ったら、もしかすると「1」が出るかもしれないし、もしかすると「6」が出るかもしれない。どうすればいいんだ〜!? というわけです。

そんなときに「期待値」すなわち「平均」を計算するとものごとがわかりやすくなります。

サイコロの目をXとすると、

$$E(X) = (1+2+3+4+5+6) \div 6 \quad = \quad 3.5$$

このようになります。

なお、E（X）とは「Xの期待値」という記号です。

で、これがなにを意味しているかというと……。

「サイコロを1回振ったら、平均的に3.5が出ますよ！」

この3.5がサイコロ1個を振ったときの期待値なのです。

数字が書いてあるサイコロ
「1」「2」「3」「4」「5」「6」

平均は $(1+2+3+4+5+6)\div 6$

$= 3.5$

すなわちサイコロを1回ふると、
平均的に3.5が出ると考えてよい

サイコロの確率分布表

X	1	2	3	4	5	6	計
P	$\frac{1}{6}$	$\frac{1}{6}$	$\frac{1}{6}$	$\frac{1}{6}$	$\frac{1}{6}$	$\frac{1}{6}$	1

期待値 $E(X) = 1\times\frac{1}{6} + 2\times\frac{1}{6} + 3\times\frac{1}{6} + 4\times\frac{1}{6}$
$+ 5\times\frac{1}{6} + 6\times\frac{1}{6} = 3.5$

3 「確率」と「期待値」はなにが違うの？

ここで、ちょっとしたおさらいです。**「確率」と「期待値」はなにが違うのでしょう？**

まず**確率とは「確からしさ」**です。

これから予測される「事象」がどれぐらいの割合で起こりうるのか、を確率と呼びます。確率は0以上1以下の数で表します。

確率0なら「絶対に起こらない」という意味になりますし、確率1なら「必ず起こる」という意味になります。

確率$\frac{1}{2}$なら「五分五分の割合で起こるか起こらないか」という意味ですね。

ちなみに、よく確率で%が使われますが、%は「/100」という意味です。

$50\% = 50/100 = \frac{1}{2}$ですね。

ともかく確率について大切なことは、次の2つです。

・確率は必ず0以上1以下の数字で表される
・単位はない

ということです。もうここまでは大丈夫ですね。

一方で期待値とは、これから予測されるいろいろな事象があり、それぞれの結果出てくる値（確率変数などという呼び方をします）が違うとして、**それらの平均をとったもの**のことです。

例えばあるゲームでは100円もらえるかもしれないし、300円もらえるかもしれない、500円もらえるかもしれない。で、100円もらえる可能性が一番高くて500円もらえる可能性がかなり低いとすると、平均的には200円ほどかもしれません。これが期待値です。

期待値の計算をする際には、前の節でも説明したように、それぞれ金額（これを確率変数と呼びます）ごとに起こりうる確率をかけ算する必要があります。
ですので、期待値の計算には、確率の概念が重要なのです。

先ほどのゲームの獲得金額が次のような確率分布表だったとしましょう。

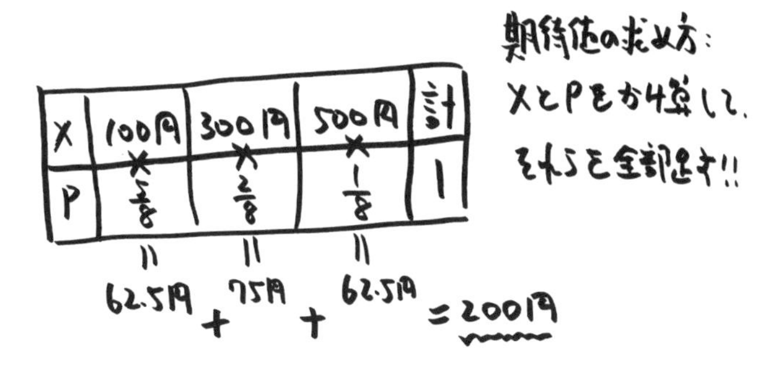

このゲームの獲得金額の期待値は

$$100\times\frac{5}{8} + 300\times\frac{2}{8} + 500\times\frac{1}{8} = 200$$

となり、期待値が200円だとわかるのです。

期待値は、

- 単位は元の確率変数の単位と同じ
- 確率変数とその確率から計算される

というのが大切なポイントです。

4 ルーレットの期待値

一番期待値がわかりやすいのが「ルーレット」です。

次のようなルーレットがあるとしましょう。

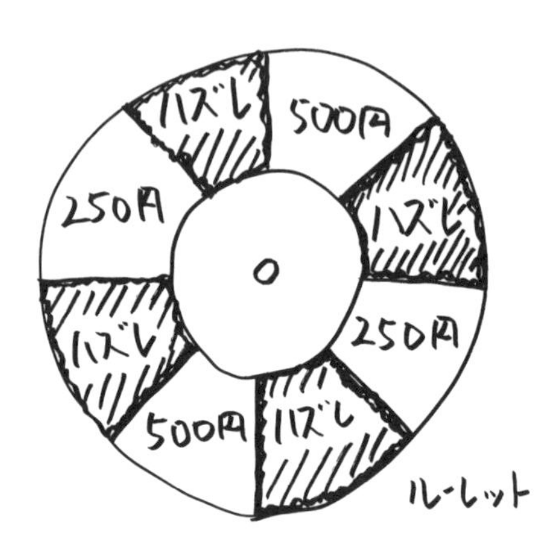

当たる確率 $\frac{4}{8}=\frac{1}{2}$

ハズレの確率 $\frac{4}{8}=\frac{1}{2}$

確率分布表

X	0円	250円	500円	計
P	$\frac{4}{8}$	$\frac{2}{8}$	$\frac{2}{8}$	1

期待値は

0円 $\times\frac{4}{8}+$ 250円 $\times\frac{2}{8}$

$+$ 500円 $\times\frac{2}{8}$

$=$ 187.5円

このルーレットをグルグル回して、玉が止まったスロットに書かれた金額がもらえるとしましょう。いかにもありそうななさそうなルーレットですね。

このルーレットの参加料が200円だとします。みなさんはこのルーレット、参加しますか？ しませんか？

少し考えるとこんな思いにもかられます。「8個のスロットのうち、4つが200円より儲かる！ ってことはこのルーレットはやったほうが得なんじゃないか」

確かにこのルーレットに参加して「儲かる確率」は$\frac{4}{8}=\frac{1}{2}$です。でも、よく考えてみてください。儲からなかったときは200円没収されるのですよ。

では一体このルーレット、どう考えればいいのでしょうか？

そんなときに期待値が役立ちます。期待値とは**「いろいろな金額がもらえるけど、平均的にいくらぐらいもらえるのか」**ということを表します。

このルーレットの場合は、期待値が200円より高ければやったら得になるし、200円を下回ればやったら損になるということです。

では期待値の計算のしかたはどうすればいいのでしょうか？

このルーレットの場合、8個のスロットの金額を横一列に並べて平均すればいいのです。これはすべてのスロットが「同様に確からしい」のでできる技です。

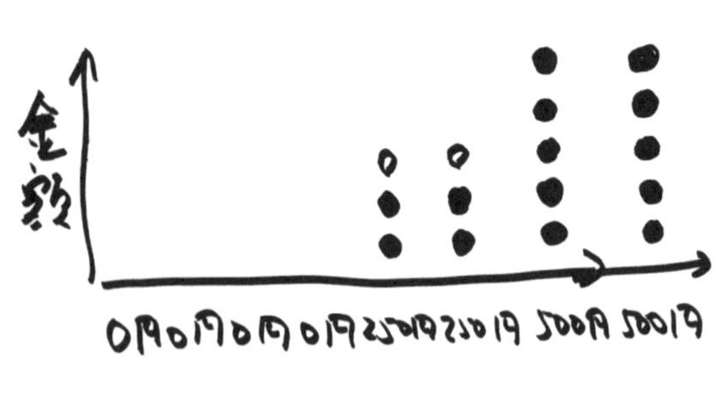

●＝100円、○は●の半分

●の数は5＋5＋2.5＋2.5＝15個なので1500円、
1個のスロットあたりだと1500円÷8＝187.5円

ということで、期待値は187.5円になります。200円を下回りますね。要するに**このルーレットを何度も続けていると損をする計算**になります。

危ないところでした。

期待値は具体的には次のように計算するのが一般的です。まずはある試行について、確率分布表を書きます。先ほどのルーレットの場合だと、獲得金額をX円、その起こる確率をPとしました。

X	0	250	500	計
P	$\frac{4}{8}$	$\frac{2}{8}$	$\frac{2}{8}$	1

そしてこのXとPをそれぞれかけ算して、最後にそれらを全部足します。

$$0\times\frac{4}{8}+250\times\frac{2}{8}+500\times\frac{2}{8} = 62.5+125 = 187.5$$

要するに期待値を計算するには、確率分布表が非常に便利だということです。

期待値 練習問題①

次のルーレットの場合は期待値がいくらになるでしょうか?

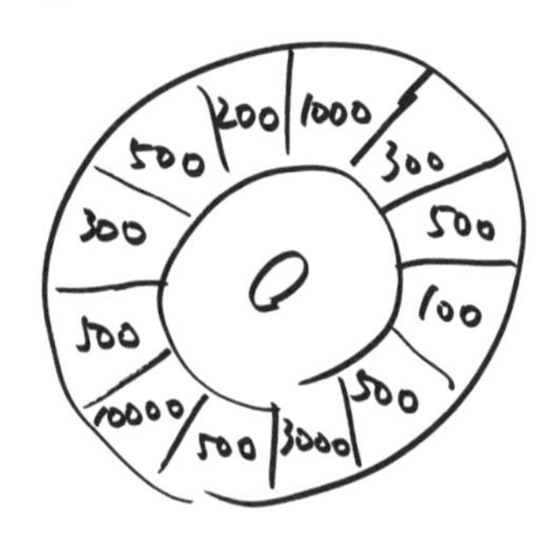

解答①

❶36円

X	10	30	50	計
P	$\frac{2}{10}$	$\frac{3}{10}$	$\frac{5}{10}$	1

上のようになるので、求める期待値は次の通り。

$$10\times\frac{2}{10}+30\times\frac{3}{10}+50\times\frac{5}{10}=36$$

よって期待値は36円

❷1450円

X	100	200	300	500	1000	3000	10000	計
P	$\frac{1}{12}$	$\frac{1}{12}$	$\frac{2}{12}$	$\frac{5}{12}$	$\frac{1}{12}$	$\frac{1}{12}$	$\frac{1}{12}$	1

上のようになるので、求める期待値は次の通り。

$$100\times\frac{1}{12}+200\times\frac{1}{12}+300\times\frac{2}{12}+500\times\frac{5}{12}+$$

$$1000\times\frac{1}{12}+3000\times\frac{1}{12}+10000\times\frac{1}{12}$$

$$=\frac{17400}{12}=1450$$

よって期待値は1450円

5 「経験」を科学する数学＝「確率論」

正直、150ページのようなゲームなら期待値を計算しやすいのですが、実際にはそんなに簡単な話ではありません。それでも何とかして**期待値を考えないと仕事にならない**業種もたくさん存在します。

例えば**「生命保険」を考えてみましょう。**

ある人が30歳のときに毎年10万円の掛け捨て生命保険に加入するとして、どのような保障内容にすれば保険会社はうまく成り立つでしょうか。ここでは架空の生命保険商品を考えて、わかりやすく説明したいと思います。

生命保険会社は次のようなデータを参考にします（ちなみにデータは著者が適当に計算しやすくつくったデータですので、実際の値と大きくかけ離れているかもしれませんが、ご了承ください）。このようなデータを各保険会社はたくさんもっています。

30歳の人が入院する確率＝1%、
30歳の人が事故でケガをする確率＝1.5%、
30歳の人が三大疾病にかかる確率＝0.1%、
30歳の人が三大疾病で死亡する確率＝0.03%

あくまでも例ですが、このような感じです。まさに確率分布表ですね。そして、これらのそれぞれのケースについて支払われる保険料を考えます。

30歳の人が

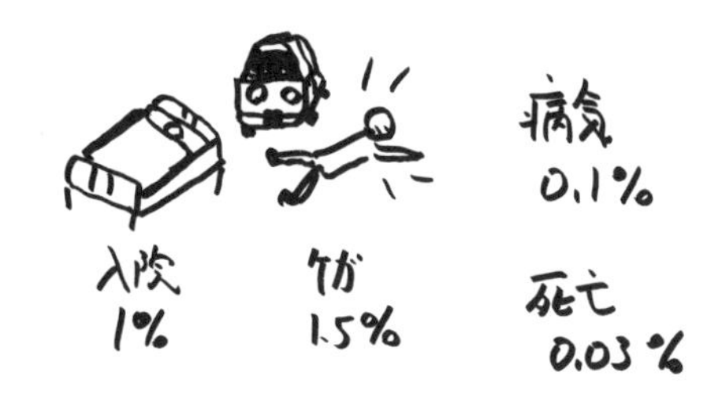

……

確率分布表にすると（Xは支払われる保険料）

X	5万円	3万円	100万円	1000万円
P	1%	1.5%	0.1%	0.03%

支払われる保険料の期待値

$$0.01 \times 50000 + 0.015 \times 30000 + 0.001 \times 1000000$$
$$+ 0.0003 \times 10000000 + \cdots$$

30歳の人が入院する確率＝1%、支払われる保険料＝5万円（平均）
30歳の人が事故でケガをする確率＝1.5%、支払われる保険料＝3万円（平均）
30歳の人が三大疾病にかかる確率＝0.1%、支払われる保険料＝100万円（平均）
30歳の人が三大疾病で死亡する確率＝0.03%、支払われる保険料＝1000万円（平均）

これらすべての保険金が支払われるケースを書き出したら、期待値を計算するのです。

　0.01×50000
＋0.015×30000
＋0.001×1000000
＋0.0003×10000000
⋮
＝500＋450＋1000＋3000＋……

もちろん保険会社もお金を儲けないといけないので、10万円の保険料の内訳を次のように考えるとします。

40%が保険料、
60%が会社の儲け

このように考えて、先ほどの期待値が10万円の40%＝4万円を超えないように**保険料をシミュレーション**していくわけです。

すなわち、各ケースごとに**支払われる保険金額を増やしたり減らしたりして保障内容を決定**します。

もちろん保険会社もあまり普通の保険ばかりだとなかなか差別化ができませんから、例えば三大疾病の保険金を100万円から300万円にアップして「うちのこの三大疾病特化型の保険商品は、三大疾病の診断書が出た段階で300万円が支払われます。他社にはないサービスですよ！」という感じで、それをウリにした商品をつくることもできるのです。

実際の生命保険の商品はもっと複雑なのでしょうが、大体はこんなシミュレーションを行っているわけです。

その際に重要なのが、結局は期待値です。今までの経験値データを元に期待値のシミュレーションをするわけですから、**経験を科学する数学**ということもできます。

期待値の重要性がよくわかりますね。

6 将来の予測はできなくても「期待値」は計算できる

私たちの周りには「予測できないこと」が、たくさんあります。

例えば車を運転していたら突然ネコが飛び出してきて、ブレーキを踏んでよけたものの、ガードレールにぶつかって派手に車がへこんでしまった……なども耳にする話です。

他にも**予測できないことは世の中にはたくさんあります。**

ところで車を運転する際に1年間、いくらぐらいのお金を使うでしょうか。例としてAさんの場合を考えてみましょう。

- 自動車本体の値段：300万円の車を10年乗るとして
  1年あたり約30万円
- ガソリン代：年に約10万円
- ガレージ代：年に約10万円
- 自賠責保険、車内装備費、
  連盟会費その他：年に約5万円
- 高速道路代金：年に約3万円
- 任意の自動車保険：○万円

まあ思いつくところでいうと、こんなものでしょうか。金額は適当に思いつきで書いていますのであまりツッコまないでください。

ここで取り上げたいのが、最後に挙げた「任意の自動車保険」ですが、みなさんどうしてらっしゃいますか？入るべきか入らないべきか、悩んでらっしゃる方もいるかもしれません。

「どうせ保険会社ががっぽり儲ける仕組みになっているから、実は入らないほうがいいだろう」とか、「自分はドライブテクニックには、自信あるから自動車保険なんて金をドブに捨てるようなもの」というような考えの人もいるでしょう。

そこで「期待値」を使って、交通事故について少し考えてみましょう。

事故はそうそう起こるものではありませんが、気をつけて確率が下がる事故もあれば、先ほど述べたような不慮の事故もあるでしょう。また、軽く壁に擦るぐらいのものもあれば、人をケガさせたり、最悪死亡事故になることもあるかもしれません。

でもそこはあまり考えると複雑になるので、とりあえず誰も同じ運転テクニックを持っていると仮定します。

仮に今までのデータで事故の段階別で1年間に起きる確率と、その際の平均的な出費額がこんな感じではじき出されているとしましょう（筆者が計算しやすいように作成した架空のデータです）。

物損のみの事故	**平均5万円の支出**	**確率30%**
人に軽傷を与える	**平均20万円の支出**	**確率1%**
人に重傷を与える	**平均300万円の支出**	**確率0.1%**
死亡事故	**平均2000万円の支出**	**確率0.01%**

こんな感じです（正直、死亡事故をお金で計算するというのはかなり不謹慎な気がするのですが、こうしないと計算できないのでご了承ください）。

すると、交通事故での平均的な出費が計算できます。

5万円×0.30
＋20万円×0.01
＋300万円×0.001
＋2000万円×0.0001
＝15000円＋2000円＋3000円＋2000円
＝22000円

すなわちこのデータを信用すれば、どの人も**平均して交通事故で22000円の出費を1年間にしている**ということになります。

そして仮にここに毎月3000円を支払う自動車保険があったとしましょう。1年間だと3000円の12倍で36000円の掛け金になります（掛け捨て）。

ここで「無事故だったらこんなに払うことはないじゃないか。人にケガをさせたり死亡させたりする確率は非常に少ないから、物損の事故だけ考えて30%、残りおよそ70%は無事故じゃないか」とおっしゃる人もいるかと思います。

逆にそのほんの0.1%や0.01%が現実になったときに、今度は支出が半端ではないわけで、そういう「レアケースだけど一旦起こったら莫大な出費になる」という部分を、期待値というのは計算して含めるわけです。

もちろん事故を起こすかどうかは、今の私たちにはわかりません。とはいえ、そんな最悪の事態も計算に入れてしまうことができるのです。

そんなわけで自動車保険というのは、**確率と出費額から期待値を予測して事故の出費を平均化する**システムです。

事故が起こらなかったらそれはそれで「よかった」で済むし、大事故が起こっても高額な出費になるところを保険料でまかなうことができます。

もちろん掛け金としては若干高額かもしれませんが、いつなんどき「不慮の事故」が起こるかはわかりませんから、任意の「自動車保険」というのは入っておいたほうがいいと筆者は考えます。

実はこの考え方は飛行機や電車、原子力発電所など「一旦事故を起こしたらとんでもない損害を与えてしまう」ような乗り物や施設にも適用することができます。

特に原子力発電所などは、一旦事故を起こしてしまったらとてつもない損害を周辺にまき散らしてしまいます。損害額は莫大な金額になるでしょう。**それをどう試算するかで「危険度」が変わります。**

原子力発電所のように、周辺何kmもの土地が使用できなくなるほどの事故が起きてしまったら、その損害額は天文学的な数字です。

仮に**その確率が0.001%だったとしても、無視できるということはない**ように感じます。

どんな保険でも、最悪な場合の損害額を計算し、さらにそれが起こる確率を計算するという、かなり難しい作業が必要ですが、それをするからこそ保険の掛け金が計算できるのです。

「そんなことは起こらないだろう」というような部分こそが、保険の最も大切な部分だということもできます。

7 仕事がデキる人とは「期待値が計算できる人」

学生時代にはあまりなかった**「選択肢」が毎日のように襲い掛かってくるのが社会人の日常**です。

例えば時間割を1つ例にとってみましょう。小学生時代には「月曜日の1時間目は算数、2時間目は国語、3時間目は音楽……」というふうに、学校の時間割にはまったく選択肢がありません。

とりあえず与えられた科目を一所懸命こなせばいいわけです。

これが高校ぐらいになると少し選択肢が増えてきます。例えば理科はどの科目を選択するのか、社会はどの科目を選択するのか、などです。学校によっては体育や音楽と美術の選択があるかもしれません。

そして大学に行くと選択肢がかなり多数用意されています。必須の授業はありつつも、外国語や一般教養の科目などはいくつもの授業から選ぶことができ、また時間によっては空き時間をつくることも可能です。

さらに高学年になると専攻を決める必要があって、ゼミや研究室を自分なりに考えて選ぶという作業が増えます。

そして就職。入社するや否や「一緒に学ぶ同級生」ではなく、仕事上の「ライバル」に取り囲まれます。いかにいい仕事をして、会社のために貢献できるか、の勝負になってきます。

そのために**毎日のように選択肢が襲い掛かってきます。**

例えば、ある工場で製造している主力商品のある部品を製造しているA社が、その部品に関して大幅な値上げを要求してきたとしましょう。

工場がストップしてからの話し合いで、その部品を継続してA社のものを使うか、新しく今までのA社と値段がほぼ同じB社の部品、A社のものより値段の安いC社の部品のどちらかに切り替えるか、を決定することになりました。

工場でラインを任されている入社2年目の自分も、その会議に出席する予定です。

それぞれのメリットとデメリットをまとめると、次のようになります。

なお、その部品の供給会社変更で、売上金額には影響がないものとします。

	メリット	デメリット
A社の部品を継続する場合	今までのノウハウを使える	原価が上がる分、値上げ必要
B社の部品に切り替える場合	今の原価でいける	今までのノウハウが使えないかも
C社の部品に切り替える場合	原価がさらに下がる	今までと方式が違うため投資が必要

このようなとき、「新人の自分が発言しなくてもいいだろう、黙って事の成り行きを見届けよう」と、だんまりを決め込む人も多いと思うのですが、本音をいうとA社の部品のままなら、余計な仕事も増えないわけです。

おそらく普通の人は、みんなそんな感じになるのではないでしょうか。

ですが、**ここが大切な「選択」なのです。**

例えばB社の製品を使うことになったら、今までうまくいっていたなにかがうまくいかなくなるかもしれません。

例えば部品の足の部分が弱くて補強する必要が出たり、そういう「不慮」の問題が起こりうるのです。

またC社の製品を使うことになったら、そもそも方式が違うためにちょっとした改変が必要であり、自分の残業時間もかなり増えることになりそうです。

ところが会議の冒頭、部長がこんな発言をしました。

「A社の部品が高すぎるので、B社かC社の部品に乗り換えたいと思う。どちらがいいだろうか？」

みなさん、どうしますか？ 例えば、ここでこういう発言をしたらどうでしょう。

「A社の製品でいきたいです。面倒な仕事はしたくありませんし、残業が増えるのとかイヤです」

部長、あるいはもしかしたら報告を受けた社長が「この社員はダメだな。自分のことばかり考えている」と思うかもしれません。

ではどうすればいいのか。すべての人が納得するために、それなりの説明をする必要があります。

そこで、3つの製品を比べて、会社の損得を考えてみましょう。

●A社の部品を継続する場合

不要な手間を抑えることができる。今までつちかってきたノウハウも使える。値上がりは必至だが、営業のほうで頑張れば増益にできるチャンスかもしれない。また値上がりしてもA社の製品を使うだけに、こちらもいろいろとA社に意見がいいやすくなる。

●B社の部品に切り替える場合

今までのイメージでいうと、現在わからない不具合が出る可能性は大いにありうる。その不具合のためにかかるコストは、ほかの部品の微調整や、場合によってはいくつかの完成品の開梱作業などをともない、人件費も考えると数百万円の損失をともなう恐れがある。定価が据え置かれる分、この損失はかなり痛い。

●C社の部品に切り替える場合

大幅な変更が要求されるため、簡単ではない。原価が抑えられるように見えるが、切り替えのコストや手間はかなりのものだ。少なくとも数百万円、もしかすると1000万円以上かかる可能性も否定できない。

このような具合です。

ところが、会議を見ているとなかなか意見をする人がいません。会社のためならB社かC社の部品に切り替えるべきかな、でもいやだな、とみんな思っているのでしょう。

そこで、自分は意を決して発言しました。まず、先ほど考えた3つの部品を採択した場合の、会社の損得に関して説明をした後、次のように発言しました。

「要するにA社の部品を使うことで不具合が出ているわけでもなく、これを替えることで損失が大きくなることは、間違いないと思うのです。なので私は、A社の部品を継続するのがいいと思います」

この発言に、会議に参加していたメンバーの多くは「よくぞいってくれた！」と心の中で拍手を送ったはずです。

また、会社の側の視点での意見なので、会議に出ていた部長も、のちに報告を受けた社長からも高い評価を得られるはずです。

これが**「仕事のできる人」の思考**です。要するに、客観的にどの選択肢を選んだら会社にとって損失になるか、ということを冷静に説明する技術が大切なのです。

ここで先述の会社の損得の部分についてですが、実は、まさに期待値の概念を使っているのです。

●A社の部品を継続する場合

値上げは必要だが不要な手間を抑えることができる。今までつちかってきたノウハウも使える。値上がりは必至だが、営業のほうで頑張れば増益にできるチャンスかもしれない。また値上がりしてもA社の製品を使うだけに、こちらもいろいろとA社に意見がいいやすくなる。

→要約：A社なら頑張れば損失なしで切り抜けられるし、もしかするとプラスにできる。

●B社の部品に切り替える場合

今までのイメージでいうと、現在わからない不具合が出る可能性は大いにありうる。その不具合のためにかかるコストは、ほかの部品の微調整や、場合によってはいくつかの完成品の開梱作業などをともない、人件費も考えると数百万円の損失をともなう恐れがある。定価が据え置かれる分、この損失はかなり痛い。

→要約：不具合が出る可能性を50%とし、その場合の損失を500万円とすると

500万円×50%＝250万円の損失

●C社の部品に切り替える場合

大幅な変更が要求されるため、簡単ではない。原価が抑えられるように見えるが、切り替えのコストや手間はかなりのものだ。少なくとも数百万円、もしかすると1000万円以上かかる可能性も否定できない。

→要約：切り替えコストが少なくなる確率を50%、その際のコストを500万円、切り替えコストが高くなる確率を50%、その際のコストを1000万円とすると、500万円×50%＋1000万円×50%＝750万円の損失

以上のように考えられます。

ここまではっきりと数字で表現していませんが、要するに**期待値の概念を使うことで、多くの人を説得することができる**ということです。

そして期待値の概念は正しい選択肢を選ぶために非常に有効です。

ちなみに、このような思考ができる人は、会社のトップに近いところにいるべきでしょう。おのずと昇進にも近くなるはずです。

Column

期待値は決断するための材料

ここで次のような場面を想像してみてください。

「あなたはクイズ番組に出場していて、現在賞金80万円を獲得しています。このあとサイコロを転がして1以外の目が出れば、賞金は100万円になりますが、1が出ると賞金はなしになります。さて、あなたはチャレンジしますか？」

チャレンジしない場合は、**80×1＝80万円**。

チャレンジする場合は、1が出る確率は$\frac{1}{6}$で、1以外が出る確率は$\frac{5}{6}$。100万円を獲得できるのは、$100\times\frac{5}{6}$で、ゼロになるのは、$0\times\frac{1}{6}$という計算です。

$$100\times\frac{5}{6}+0\times\frac{1}{6}=\frac{500}{6}=\frac{250}{3}=83.33\cdots\cdots\text{円}$$

チャレンジした場合の期待値は、83.33……万円ですから、期待値上はチャレンジしたほうが有利ということになりました。

ただ、ここまで本書を読まれてきたみなさんなら、うすうすお感じかもしれませんが、すべてを期待値通りに判断するのが、必ずしも正解とは限りません。あくまで期待値を参考にしながら臨機応変に決断の材料にするというのが、期待値の正しい使い方ではないでしょうか。

この本の編集の方は、「私なら20万円くらいの差額なら、そんなリスクは絶対に取りませんね。80万円もらって海外旅行します」と、おっしゃっていました（笑）。

次章では、こうした実践的な期待値の使い方をもう少し見ていきましょう。

第５章

期待値実践編

期待値は「成功」のためのツール

数学の「儲かる分野」と「儲からない分野」

みなさんも経験上うすうす気づいていらっしゃるかもしれませんが、**世の中の多くの人が数学を苦手としています。**

数学を「苦手だ」と思っている人の多くは「じゃあ数学ができる人に、数学が必要なときだけ質問すればいい!」と考えるようです。

その考え方はあながち間違いではありません。本音のところをいうと、数学や論理、理科系の素養なしに考えると、なんとなく非科学的だったり論理に破綻が生じている部分もあるのですが、その点はここでは置いておきましょう。

ともかく「**数学が得意な人に聞こう!**」**と思うことは多い**ようです。

筆者の場合、専門は数学ではないのですが、それなりに数学関連の書籍を出版した実績もあるので、よくそうした相談を知人から受けます。

例えばよく相談されるのが「ネットワークビジネス」とか、本書でも何度か取り上げている「保険」の話とか、「株などの投資」についてです。

とはいえ、それらは全部「無料」。たまにご飯をご馳走してくださる方もいますが、そのようなケースはまれで、大抵はたまたま知り合った人だったり、法事にたまたま来ていた遠い親戚だったり、話の流れでいろいろ聞いてくることが多いわけです。

そんなわけで、数学の先生のなかには数学を教えるお給料で生活しながら、時々出版関連でアルバイトなどをして、生計を立てているという人も多いのではないかと思います。

一方で、大企業などからも引く手あまたという数学の先生もいます。

例えば**「統計学」の先生は、工場からデータを渡されて意見を聞かれることも多い**そうです。

あるいは、工場に招かれて電卓片手にいろいろな数値について聞かれることもあるようです。

企業の側からすると、一番重要な部分の判断を専門家の先生に聞くことで、**大きな決断をする1つのヒント**とできたら、ということなのでしょう。

それから、数学とは少し違う分野を形成しつつありますが、情報系の先生、すなわちコンピュータの先生も引っ張りだこのようです。

分野にもよると思いますが、例えば**セキュリティなどの専門家は、大企業のデータを守るためにも欠**

かすことができない存在です。

ネットワークの専門の先生にも同じことがいえます。

一方で、同じ数学系でも正直まったくお声がかからない数学の分野もあります。

例えば数学の中でも最も根幹ともいえる「数学基礎論」の先生は、哲学者のような生活を送っています。

毎日散歩をしながら、ひたすらある問題について考えたりします。外からはなにをやっているのか理解もされにくく、あまり外に出ることもないように思います。

ともかく一概に数学の専門家といっても、専門にしている内容によってまったく雰囲気が違います。外からはなかなか見えにくいでしょうが、数学の分野というのもいろいろあるので、一度調べてみると面白いかもしれません。

なぜこのような話をしたかというと、この章では、宝くじや競馬、投資や受験、男女の出会いまでも述べるわけですが、もし数字に強い人が必ず勝利するのであれば、私は億万長者になっているということです(笑)。

さて、この章では、担当の編集の方からの強いリクエストもあり、「これは使える!」という場面について、もう少し具体的に考察していきたいと思います。

日常生活やビジネスを考える上でも、知っておくと得する面白い発見があると思いますので、さっそく見ていきましょう。

1 期待値実践編1——宝くじ 宝くじの買い方Q&A

ここで、筆者がよく聞かれる「宝くじの買い方」の質問について、いくつか答えたいと思います。

宝くじはキャリーオーバーを狙って買うべき?

そもそもよく知らない方のために「キャリーオーバー」とはなんなのかを簡単に説明します。

キャリーオーバーとは1回の宝くじで当選者がいなかったときなどに、賞金が次回の1等賞の当選金額に持ち越しで追加される制度です。日本の宝くじの場合だと、主に「ロト」系の、数字を選んで購入するタイプのものにキャリーオーバーの制度が多いようです。

例えば「ロト6」の場合、1〜43の数字の中から異なる6個の数字を選ぶ数字選択式宝くじで、6個の数字がすべて一致すれば1等になり、賞金2億円がもらえるというものです。

なんとなく当たりそうな気がしますよね。

しかし1回のロト6で購入された全くじで1等が出ないこともあります。

この場合はその2億円が次回1等賞にキャリーオーバー

になります。2回分までキャリーオーバーが可能で、その場合は1等賞の当選金額が最高の6億円となるわけです。

ちなみに、1〜43までの数字6個の選び方は次の通りです。

$${}_{43}C_6 = \frac{43\times42\times41\times40\times39\times38}{6\times5\times4\times3\times2\times1} = 6096454\text{通り}$$

ざっくりいうなら、600万口に1口、1等が出るわけです。また2等以下の当選金額は当選口数で配分するため、いくらもらえるかも運次第というわけです。

ときには1等より2等の当選金額が上回ったり、2等より3等の当選金額が上回ったりすることもあるようですね。

期待値で考えると、キャリーオーバーがない場合は1口200円を支払って90円ほどが返ってくることになりますが、キャリーオーバーが発生している場合は**その金額は少し上がります。**

ざっくり計算すると賞金が4億円増加するので、それを600万通りで割り算すると66円のプラスということになります。もともとの金額に足し算すると200円を支払って150円ほど返ってくるということ。これは確かに大きい。当たる確率に変わりはないものの、もともと高額な1等当選金額が3倍になるわけですから、狙い目といえば狙い目です。

ちなみに宝くじの運営側は損をしているわけではなく、もともとの回で1等賞の金額を支払っていないぶん、そちらと平均すると同じことになります。

キャリーオーバー制度は、ある意味、宣伝の要素も強いかもしれませんが、いずれにしても、**買うのであればキャリーオーバーが狙い目**ということはいえるかもしれません。

もう1つよくある質問に、**1等がよく出ている売り場から買うべき？** というものがあります。

答えをはっきりいうと関係ありません（と思います）。もし関係があるのであれば、それは大問題です（笑）。

宝くじの売り場はどこもランダムに宝くじを売っています。ただしたくさん売っている売り場は、売った分、大当たりの出るケースも増えるでしょう。

そうなると「こんなに大当たりが出ているということは、この売り場はきっと福の神がついているのですよ！」という宣伝文句を書いているのとそんなに変わりありません。

ちなみに宝くじが、競馬やパチンコのようなギャンブルと異なるのは、一言でいうと、まったくの「ランダム」だということです。

例えば競馬なら「どの馬が強そうか」とか「どの馬がいま調子よさそうか」とか、さらにいうと「もっとオッズが高くてもいいはずなのに少しオッズが抑えられている」(いわゆる「オッズの歪み」) というようなことを見抜くことで、それなりに勝つ方法もあるのかもしれません。宝くじではそれができないということです。完全な「神頼み」ですね。

だからこそ、プロもアマチュアもなく買えるという安心感が宝くじの強みだといえるでしょう。

本書の序章で「宝くじを買うか、お賽銭を入れるか」という話をしましたが、実はどちらも「神の存在」を信じているからこそ買うものなのかもしれません。

「神なんて存在しない」と思うのであれば、宝くじも期待値の面では半分ぐらいの金額しかないわけですから、300円の宝くじを1本買うのと、150円のお賽銭を入れるのは、ほぼ同じような行為です。

宝くじ売り場の「1等が出ました」というドキドキ感は、なんとなく「宝くじの神様がここにいますよ」というアピールのようにも感じます。

「神様の存在」を信じたいのであれば、その売り場から買うのも一つの手かもしれませんが。

2 期待値実践編2——競馬①
期待値的にマイナス？……馬券を買う場合

先に、はっきりいいましょう。競馬は「期待値」がすでに計算されていて、**馬券が高額であればあるほど「損」をします**。

ですから、このあと詳しく述べますが、馬券を買うときは「楽しめる程度」に買うのがおすすめです。

競馬はカッコいいファンファーレが聞けたり、パドックでツヤツヤの毛並みの馬を観られるという楽しさもあるわけで、その部分にお金を払うという考え方もできます。

健全な発想として、「競馬場ならではの雰囲気を楽しませてもらえるのなら、一体自分はいくらぐらい払ってもいいか」と考えるとよいでしょう。

例えばその額が3千円なら、期待値的に馬券1枚につき約3割は戻ってこないと考えて「競馬場の入場料を考えても1日で5千円ぐらいまでは馬券を買えるな」とか考えるわけです。

もちろん、確率的には大当たりすることもあるのですから、それはそれでうれしいでしょう。そのようなときにも期待値で考えてください。

ここで儲かった金額を一晩で湯水のように使ってしまっ

たら、**ただでさえ低い期待値がさらにぐっと下がる**ことになるのです。

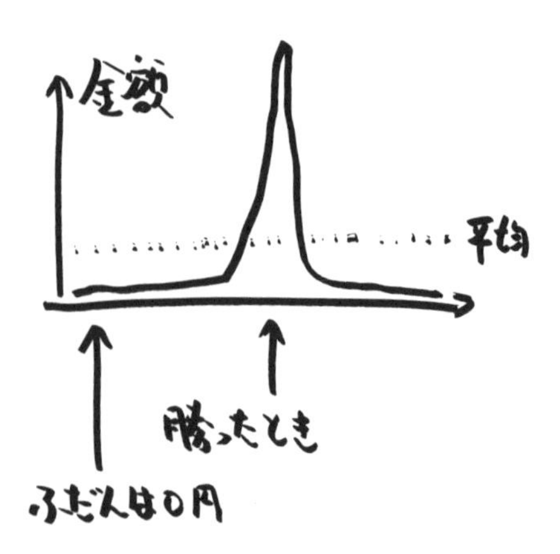

→これらを平均すると期待値的に半分ぐらい

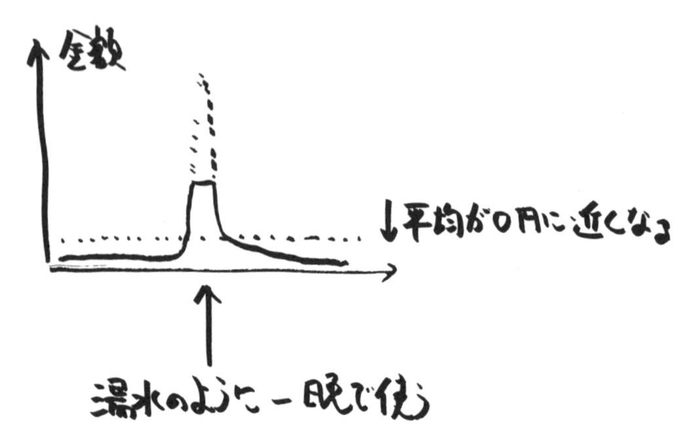

→期待値的に限りなく0円に近くなる

要するに、期待値的にただでさえリターンが少ない馬券の期待値を押し上げている貴重なプラスの金額が削れるということは、馬券はほとんど「お賽銭」の価値しかなくなってしまうということです。

よく「馬で勝ったから、その日ぐらい贅沢したい」という声も聞きますが、正直にお伝えしましょう。

競馬をしないで、その金額を毎日貯めたほうが、もっと贅沢できます！

不思議なのは、私の知り合いで東大・京大・旧帝大の理系出身者など、そういう人に意外と競馬で大損している人が多いということです。あれはなんなんでしょうね（笑）。

馬券はウマく買いたいですね！

3 期待値実践編3――競馬②
競馬で儲ける方法ってあるの?

筆者は競馬の馬券というものを買ったことが一度もないのですが、この本の編集の方が競馬が大好きなので、どうしてもこの項目はもっと深掘りしてほしいという依頼を受けました。

そんなわけで、いろいろな資料を渡されたりもしましたので、否が応でも詳しくなってしまいました(笑)。

馬券というのは、単に1着の馬を当てるだけではなくて(「単勝」というそうです)、上位2頭の馬を当てる「馬連」(1位と2位はどっちでもいい)、1着と2着の馬をそれぞれ正確に当てる「馬単」、馬の枠で上位2頭の馬を当てる「枠連」(1位と2位はどっちでもいい)、上位3頭の馬を当てる「3連複」(1位、2位、3位は入れ替わってもいい)、1着2着3着を正確に当てる「3連単」、3着までに入る2頭を当てる「ワイド」などなど、まあ当たりそうなものから、当たりにくそうなものまでいろんな種類の馬券があります。

それぞれの馬券の種類ごとに、みんなが馬券を買っていくわけですが、売上のうち15%ほどを主催者(JRA)がとって、10%ほどを税金で納めて、残り75%を馬券を買った人たちが分け合う仕組みになっています。

そんなわけで、ざっくりといえば、**100円の馬券だと平均的に75円が返ってきます**。100円の馬券の期待値は75円、というわけですね。

儲かるはずがないじゃないか！　といえば、まあそうだともいえます。

ところが、実際には競馬で確実に儲けている人がいるという話も、あるいは競馬の予想というのが意外と当たるという話もあります。単純に考えたら「眉唾もの」なお話なんですが、みなさんは信じることができますか？

そこで、まずはオッズの決め方を少しおさらいしておきます。ここでは話を単純にするために、馬4頭が出走するレースがあるとしましょう。

そんな頭数の少ないレースはなかなかないのですが（JRAの主催するレースでは5頭立てが最少レースらしいのですが、5頭立てレースで1頭の馬がなにかの都合で出走を取りやめたりして過去に何度かあったらしいです）、まあこれぐらいなら話がわかりやすいですね。

4頭の馬名をそれぞれA、B、C、Dとします。20人の人がそれぞれ1000円ずつ単勝（1着になる馬を当てる）馬券を購入しました。

・1番人気Aの馬券を買った人が10人
・2番人気Bの馬券を買った人が5人
・3番人気Cの馬券を買った人が4人
・4番人気Dの馬券を買った人が1人

だったとします。売上は20人×1000円＝20000円、うち75%を取り合いするので、15000円を分け合うのです。

で、レースの結果、
・Aが1位だった場合、15000円÷10人＝1500円
すなわちオッズは 1.5倍
・Bが1位だった場合、15000円÷5人 ＝3000円
すなわちオッズは 3.0倍
・Cが1位だった場合、15000円÷4人 ＝3750円
すなわちオッズは 3.8倍
・Dが1位だった場合、15000円÷1人 ＝15000円
すなわちオッズは15.0倍

というわけです。要するに、**オッズは人気度を表しています**。みんなが馬券を買った馬はオッズが低くなり、ほとんど誰も馬券を買わなかった馬はオッズが跳ね上がるというわけです。

まあこの辺りまでは、みなさん大丈夫なんですかね？

ここで一つ疑問が生じます。それは「人気のある馬が本当にそれぐらいの実力で勝つ確率が高いのか?」ということ。いいかえると**「オッズ」は真の「勝つ確率」を反映していないのではないか**、ということです。

この真に勝つ確率と、表面上のオッズのずれのことを、業界用語(?)では**「オッズの歪み」**などと呼ぶそうです。すごいことを考える人がいるものですね。

わかりやすいところでいうと、馬券のオッズというのは、刻一刻と変わっていきます。最初の1人が買って、2人目が買って、3人目が買って……というふうにオッズが変わっていくわけですが、例えば10人が買った時点では、少しオッズが違ったかもしれません。

・Aの馬券を買った人が6人
・Bの馬券を買った人が2人
・Cの馬券を買った人が1人
・Dの馬券を買った人が1人

この時点での売上は10人×1000円＝10000円、うち75%を取り合いするので、7500円を分け合うことになります。よってこの段階でのオッズは、次のページのようになります。

・Aが1位だった場合、7500円÷6人＝1250円
　すなわちオッズは1.3倍
・Bが1位だった場合、7500円÷2人＝3750円
　すなわちオッズは3.8倍
・Cが1位だった場合、7500円÷1人＝7500円
　すなわちオッズは7.5倍
・Dが1位だった場合、7500円÷1人＝7500円
　すなわちオッズは7.5倍

10人が買った時点と最終のオッズで比較してみると、
・1.3倍　→　1.5倍　少しアップ
・3.8倍　→　3.0倍　少しダウン
・7.5倍　→　3.8倍　大幅にダウン
・7.5倍　→　15.0倍　大幅にアップ

というわけで、**オッズが変化している**ことがわかります。要するにある時点で人気がそこそこあった馬が最後のオッズでは人気が落ちたり、その逆だったりするということです。このことを「オッズの揺らぎ」などと呼ぶそうです。

今は単純に中間と最終だけを比べましたが、このように、馬券をみんなが買っている状況に応じてオッズが刻一刻と入れ替わるわけです。

その刻一刻と移り変わるオッズを追いかけていくと、そんなに人気も実力もなかったはずの馬が最後の最後で急に人気が出たりしたことがわかるかもしれません。その馬券を買うのは少し危険だということもいえるわけです。

逆に人気も実力もそこそこあるのに、たまたま最後のオッズ確定の段階で人気がなくて、オッズが真の実力以上に高いこともありうるわけです。

そんな馬は買っておいて損はしないかもしれません。そういう馬のことを俗に「穴馬」と呼ぶわけですね。

上の例でいうならば、オッズは15倍で人気があまりないDの馬の勝つ確率は、意外と$\frac{1}{15}$よりもずっと高いかもしれないわけです。そうなると「美味しい馬券」なのかもしれないわけですね。

要するに、**馬券のオッズと実際に「勝つ確率」は一致していない**ことも多いというわけです。

たまたまある馬の名前がタイムリーだったり、その馬のことがテレビで取り上げられたり、いろいろな要素で人気度は決まるわけですが、そんな人気度で決まる「オッズ」と真の実力は一致していないのでしょう。

ただし真の実力が見えるのなら誰も苦労しないわけで、そこは「神のみぞ知る」の一言です。

そんなわけで、なんらかの事情で不当にオッズの高い（人気度の低い）強い馬を見抜くことができたなら、意外と勝てるようなのです。これはほかの「公営ギャンブル」はみな一緒なんでしょうね。

「真の実力馬」を探すのにみんなが躍起になっているわけで、そういう馬を見つけることができたら、そのレースは「美味しいレース」になるわけです。

とはいえ、100円の馬券を買って、25円を先に引かれた状態で**期待値100円以上になるような馬券を探す**となると、かなり大変なのは事実です。

予想をしている人はいろいろなところから「オッズの歪み」を探し出してくるようですが、それぐらいしないと競馬で儲けるのは大変だということですね。

競馬の予想は、全部当てることはできなくても、そこそこの確率で勝てる、トータルで考えたらプラスにすることも可能だ、ということは理解できます。

私はそこまでの情熱はないですけどね（笑）。馬が走っている姿は単純に美しいと思いますが。

4 期待値実践編4――投資①
投資の際の期待値の使い方

さて、この本の担当編集者のたってのリクエストである「投資」の話をしたいと思います。

みなさんはそれなりに貯金ができて、それを使ってなにかをするとしたら、なにに使いますか？

例えば「世界旅行をする」でもいいかもしれませんし、「老後のために貯めておく」のも1つの選択肢でしょう。銀行に普通貯金をしておくよりも、例えば「少し利率のいい定期預金に切り替える」、あるいは「国債を購入して少しずつ儲ける」という人もいるかもしれません。

もっと気合を入れるのであれば、例えば「土地を買ってマンションを建てて運用していく」、「駅前にコンビニを開店する」という意見もあるでしょうし、さらにやりたいことがあるのなら「会社をつくってなにかビジネスを始める」という意見もあるでしょう。

このような、**すべての行為をまとめて「投資」と呼びます。**

そう考えると、投資は、ある程度お金が貯まってきた段階で、きっとみなさんも検討することがあるのではないでしょうか。

ところで、先ほどいろいろ書いた投資の種類ですが、「ローリスク・ローリターン（あまり損をする危険性は少ないが、儲かる額もしれている）」というものもあれば、「ハイリスク・ハイリターン（損をする危険性も大きいが、儲かったらその額も大きい）」というものもあります。

一般的な例をざっくり分類すると、次のようになります。

■ローリスク・ローリターン

定期預金への切り替え　国債の購入など

■ハイリスク・ハイリターン

マンション建設　コンビニの開店　会社設立など

他にもいろいろ投資の種類がありますが、いずれにしてもその内容は**ローリスク・ローリターンかハイリスク・ハイリターンのどちらか**に分類されるわけです。

ローリスク・ローリターンなものは、正直、そんなに悩むことはないでしょう。というのも、ローリターン（儲かる額が微々たるもの）だったとしても、ローリスク（損をする危険性も微小）で、ある意味「かたい」投資ということもでき、そのことをわかったうえでの投資なのですから。

頭を悩ませるのはハイリスク・ハイリターンの投資です。ここからは投資をする際の筆者なりの「心得」のようなものを述べていきたいと思います。

どんな投資でも「損をする可能性」がある。

あたり前です。例えば先ほど「ローリスク・ローリターン」の例として挙げた利回りのいい銀行預金でさえも、もし元本保証がない場合、銀行自体が倒産して紙屑となる可能性があります。それでも、「ハイリスク・ハイリターン」の投資ほどは損をするリスクは高くありません。

そして、傾向としては「ハイリスク・ハイリターン」の投資は損をする可能性が高いにもかかわらず、自分を過信して、そこには目をつぶってしまうケースが多いように感じています。

人間、どんな場合でも、**過信してしまうのが一番危険**です。例えば競馬の場合、「あの馬はテッパンだ。だから絶対今日は絶対に儲かる」というように考えてしまいがちです。あるいは、「こんなに人通りが多い場所にコンビニを開店したら、お客さんがいっぱい来るはず、当然儲かる!」というような考え方です。

もしかすると、これから行われる競馬のレースで勝馬を見抜く能力は存在するのかもしれませんし、人通りが多い場所にコンビニを開店したら儲かる可能性は大いにあるのでしょう。

ただ、必ずネガティブな想像はしておくべきです。まわりの状況にまどわされず、常に冷静な判断をして対応する。**これが期待値的な考え方**というものです。

競馬の場合、実際にレースが始まってみると自分が思っていたのとは違う展開に進むことは十分に考えられるわけです。ときには落馬することだってあるわけですから。そんなときにでも、笑ってすごせるぐらいの金額の馬券を購入することをおすすめします。

絶対に勝つと思う3千円の馬券を買って、実際には負けてしまったとしても、「野球を見に行っても、入場券は3千円ぐらいするわけだし、まあ今日は楽しませてもらったからよしとするか～」と笑えるぐらいなら、それでいいわけです。

ところが「自分はこの馬が勝つとわかっている。だからこの馬に3万円賭けるんだ!」といいながら3万円を損した場合、実際は、笑っていられる人は少ないはず。

これがさらに高額な10万円などになると、正直かなり自分を責めることになるでしょう。

では、コンビニの開店はどうでしょうか?

例えば人通りの多い場所に、コンビニを開店するのに1千万円必要だとして、それを投資してみたら……。

その直後に、もっと品ぞろえがよく、場所も広くて明るいコンビニが近くにできて、客をほとんどそちらに取られてしまってぜんぜん売上が上がらず、1千万円を回収するどころか1年ぐらいで閉店してしまった……。

そのようなことも、ないとはいえないわけです。そうなると、それはまさに「運」です。

そのような場合でも、「1千万円の投資をして回収できなかったけれど、次につながる勉強になった」といえる状況になれるかどうかがポイントです。

別の表現をするなら、最悪のケースとしては1千万円を回収できないけれど、それでもやっていけるかどうか、ということでもあります。

怖いのは「駅前にコンビニを開店したら絶対儲かる。でも1千万円必要だから金を貸してくれ」と借金をして、その借金を返せないままになってしまうことです。

それは正直、非常に危険です。ここは「期待値」で考えてはいけない部分。期待値的にはもしかするとプラスだったとしても、最悪のケースは覚悟しておくべきです。

5 期待値実践編5――投資②
「コンビニ」を開店する場合

では実際に駅前でコンビニを開店する投資を考えてみましょう。たしかに「儲かりそう」な投資ですね。

先ほども書いた通り、損をする可能性もゼロとはいえませんが、**やる価値は十分にある投資**といえそうです。

ただし、投資をしっぱなしではなかなかうまくいかないかもしれません。とにかく、ありとあらゆる問題点や、問題になりそうな芽を摘んでいく作業が必要です。努力すればするほど損をする可能性が少なくなるのであれば、どんどん努力をすべきです。

もしかしたら駅前だから人通りが多いし、放っておいてもお金がどんどん儲かるという考え方では、なかなかうまくいかないかもしれません。

当然、年齢層などの期待できそうな客層をチェックする必要はあるでしょう。

もちろんコンビニの場合は売れ筋などを分析するPOSシステムもしっかりしていて、「どのような客層が多いのか」ということはある程度はわかるかもしれません。

それでも、データだけを過信しないで、「駅前にはどんなお店があるのか」「道の先には企業があるのか大きなマンションがあるのか」、あるいは「学校が近くにあるのか」などは、自分の足でよく確認することが大切です。これらは開業前でもわかることです。

例えば学校が近くにあるのであれば、入口に「文房具を多数取り揃えています」と案内を掲示しておくだけで効果があるかもしれませんし、近くの文房具屋さんに様子を見にいって、そこになさそうな商品を充実させるのもよいでしょう。そのような**努力をすることは重要**なことです。

ともかく期待値的に得をする場合でも、**少しでも「損」をする確率を減らして、儲かるような努力をする**ことです。

また、単に数字だけの問題でないのも「投資」の難しいところです。例えばお客さんがクレームをいってくることもあるでしょうし、既存の商店からいやがらせを受ける可能性もあります。そういうことも含めて、できるだけうまく人間付き合いをすることも重要です。

逆にいうと、地域の人から「あのコンビニができて、とても助かった！」といわれるような店づくりをすれば、その投資は成功だったということもできるでしょう。

もしかしたらお金を儲けるという意味では、もっと違うやり方もあるのかもしれませんが、単に「お金を儲けよう」というよりも、**みんなから喜ばれる投資というのが一番大切**なのではないでしょうか。

ちなみに、そうやってみんなから喜ばれることで、お店の寿命も長くなるでしょうし、そのお店で儲けた資金を元手に、また別のお店をつくることだってできます。このことで投資のリターン期待値がさらにアップすることになります。

そういう**「人間的」な投資を目指せば、きっとその投資はうまくいく**でしょうし、長い人生の終盤に差し掛かったときに「あの投資をしてよかった」という結論になるはずです。

みなさんも少しお金ができたら「投資」を考えてみてもいいかもしれません。

6 期待値実践編6——受験
受験でも「期待値」が役に立つ!?

さて今度は「受験」について考えてみたいと思います。

先に触れた競馬と受験は少し似ているところがあって、でも少し違っています。

- 競馬ではお金の期待値を考えるのに対して、受験では点数の期待値を考える
- 競馬では儲けの金額が多いければ多いほどいいが、受験では基本合格すればよい

という感じです。みなさんのお子さんを馬に見立ててお話しするのは、少し乱暴かもしれないですが、その点はご了承ください。

私は学習塾を運営していて、主に大学受験生が日夜勉強に励んでいます。学習塾とはいっても、実は黒板は一切使わず、私を含めた講師が大きなテーブルの真ん中に座り、周りに大学受験を控えた生徒が、それぞれのテーマに沿って勉強をしています。わからないところがあったら好きなときに講師に質問できるスタイルです。まあ、先生が横についてくれている状況で、自習をしている感じです。

講師側は、そういう勉強の状況や定期試験などを見ながら生徒の実力を把握します。実際の試験でどれぐらいの点数が取れるのか、というのは、模擬試験も参考にしながら、生徒ごとに実力を把握していきます。

ここで話を単純化するために、架空の生徒Xさんを考えたいと思います。Xさんは過去の全国模試で、すべての科目の偏差値が55ぐらいだとしましょう。全国模試といってもいろいろな試験があるので、55というだけでは実はあてにならない部分もあるのですが、まあ一言でいうと、全国平均よりは少しいい点数、ということです。

試験の点数と実力は、ある程度は比例しますが、不確定要素も存在します。

例えばある100点満点の試験で70点ぐらいは取れる実力のある学生が、実際に試験を受けてみると60点しか取れなかったり、逆に80点ぐらい取れたりすることもあるわけです。

この場合、平均的に70点ぐらい取れるということを表していて、この点数こそがまさに「期待値」なわけです。

国公立大学の受験の際には「共通テスト」と「二次試験」の2回の試験の点数の合計点で合否が決まります。共通テストの各科目の配点と、二次試験の科目・配点は、大学や学部によって異なります。

例えばXさんが受験しようとしているA大学B学部は次のような配点だったとしましょう。

	共通テスト	二次試験	
英語	200	200	
国語	200	200	
数学	200		
理科	200		
社会	100	200	
合計	900	600	1500点満点

Xさんの共通テストの点数は、次のような結果でした。

	共通テスト
英語	160
国語	140
数学	120
理科	140
社会	80
合計	640

共通テストを終えた時点で、各予備校にこの点数を報告した結果、この大学のボーダーの点数（二次試験に合格する確率が50%である点数）が680点、二次試験の合格者の平均偏差値は57です。Xさんよりは少し上の学力の人が受験する、と思えばいいです。

要するに、二次試験の600点満点でXさんは40点ほどの点差を挽回しなければいけないのですが、合格しそうでしょうか。みなさんならどう考えますか？

600点満点の40点というと100点満点に直すと7点弱、挽回できそうな気がします。でも**この差は意外と大きい**のです。実は予備校からの判定もE判定でした。

国語や英語、社会などの文系科目は手堅い科目なので、そう大崩れすることはない科目です。できる生徒はたいていいい点を取るし、できない生徒はそれなりの点数を取ります。

逆にいうと、**すごく調子がよくてもそんなにいい点数を取れるというものでもない科目**です。試験前から点数が「読める」のです。

■国語、英語、社会

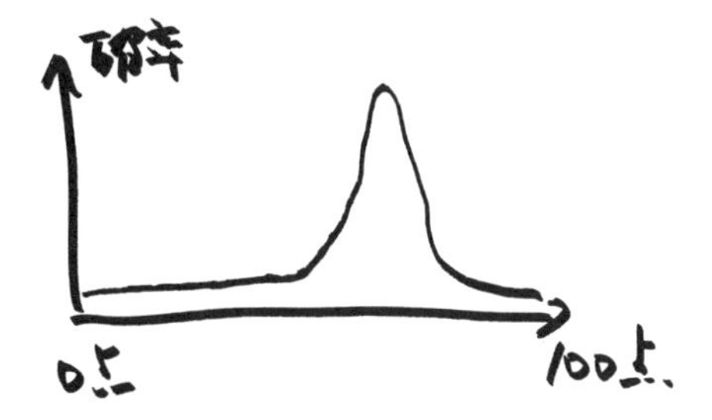

※だいたい取れる点数が試験前から読める

そういう意味では、XさんのA大学B学部受験はかなり厳しいことが予想されます。

ところが、別のC大学D学部は次のような配点です。

	共通テスト	二次試験	
英語	200	200	
国語	200		
数学	200	200	
理科	200		
社会	100		
合計	900	400	1300点満点

共通テストは同じ合計点で640点です。この大学のボーダーの点数（二次試験に合格する確率が50％である点数）はA大学B学部と同じ680点、二次試験の合格者の平均偏差値も同じ57としましょう。Xさんよりは少し上の学力の人が受験する、と思えばいいです。

400点満点の40点というと100点満点に直すと10点、先ほどの話でいうともっと差が大きい感じを受けますが、この大学の場合はどうでしょう。

実は**数学や理科、特に数学は点数が読みにくい科目**です。ぜんぜんできない生徒とすごくよくできる生徒にはかなりの差があります。よくできる生徒はたいていかなりの高得点を取るのですが、そうでない多くの生徒は、点数が取れるときと取れないときでかなりのばらつきが出ます。

■数学、理科

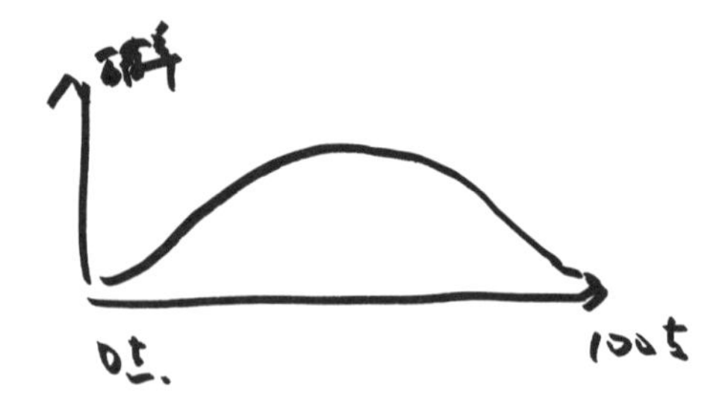

※取れるときと取れないときで点数の散らばりが激しい

要するにC大学D学部の場合、数学200点満点がすごく大きいのです。これは単純に期待値で考えてしまうと「難しい」ということになりますが、この入試の場合は、合格する可能性は十分あると見ることもできます。

実は予備校からの判定もC判定だったのです。すなわち**数学の点差のばらつきが大きな不確定要素となる**わけです。

このように大学入試、特に共通テストで一旦点数が確定してから二次試験を出願する日本の国公立大学の場合、期待値で見える部分と、期待値だけで判断してはいけない部分も大きいのです。

大学受験の志望校決定はいろいろな要素をもとに決定します。Xさんの性格や得意苦手、その大学の出題傾向との相性など、考えるべき要素は多いのです。

共通テストリサーチ後の出願校決定ではデータや科目、出題傾向の詳細な分析（判定や成績分布）、そして時には**KKD（経験、勘、度胸）までを含めたきめ細かい指導**が要求されます。

こういうときこそ「期待値」と「確率」そして「統計」の強い人に相談するのがいいかもしれないですね。

7 期待値実践編——表計算ソフト 表計算ソフトで期待値を計算しよう!

みなさんは「表計算ソフト」を使ったことがありますか?「表計算ソフト」とは、例えばパソコンでよく使われる"EXCEL"のようなソフトのことです。実は期待値の計算をするのに、表計算ソフトを使うと非常に簡単に期待値が計算できるのです。

そこで、表計算ソフトを使って期待値を計算する方法を伝授します。普段から表計算ソフトを使っている方なら簡単なことですが、意外とパソコンに入っているのに使いこなしていないという人も多いかもしれないですね。

ここで簡単な例を挙げてみましょう。あるゲームをしたときに、

100円が儲かる確率が20%
200円が儲かる確率が30%
300円が儲かる確率が25%
400円が儲かる確率が15%
500円が儲かる確率が10%

だとして、このゲームで儲かる金額を表計算ソフトで計算してみましょう。

まずソフトを起ち上げます。ここではEXCELを例に用い

ますが、ほかの表計算ソフトでも基本的な操作は同じです。

次にX（儲かる金額）とそれぞれのP（起こる確率）を入力していきます。EXCELの場合、縦にデータを入力していくことが多いので、図のように縦に入れていきましょう。

	A	B
1		
2		
3	X	P
4	¥100	20%
5	¥200	30%
6	¥300	25%
7	¥400	15%
8	¥500	10%
9		

次に、最初のデータどうしをかけ算して計算します。最初のデータが入っている右のセルをクリックして

1:「＝」を入力
2:100円をマウスでクリック（セルの名前が入力されます）
3:「*」を入力（かけ算の意味になります）
4:20%をマウスでクリック（セルの名前が入力されます）
5:ENTERキーを押す

B4 =A4*B4

	A	B	C	D
1				
2				
3	X	P		
4	¥100	20%	=A4*B4	
5	¥200	30%		
6	¥300	25%		
7	¥400	15%		
8	¥500	10%		
9				

↓ENETRキーを押す

C4 =A4*B4

	A	B	C	D
1				
2				
3	X	P		
4	¥100	20%	¥20	
5	¥200	30%		
6	¥300	25%		
7	¥400	15%		
8	¥500	10%		
9				

これで、そのセルに100円×20%の計算結果「20円」が入力されるはずです。

最後に、ここがポイント、というかEXCELの便利なところなんですが、20円が入ったセルをクリックして、セルの右下の「ポッチリ」(正式名称はフィルハンドルといいます）をクリックしながら一番下のデータまでドラッグし（ずらし）ます。

C4　=A4*B4

	A	B	C	D
1				
2				
3	X	P		
4	¥100	20%	¥20	
5	¥200	30%		
6	¥300	25%		
7	¥400	15%		
8	¥500	10%		
9				

この部分がフィルハンドル

↓

C4　=A4*B4

	A	B	C	D
1				
2				
3	X	P		
4	¥100	20%	¥20	
5	¥200	30%	¥60	
6	¥300	25%	¥75	
7	¥400	15%	¥60	
8	¥500	10%	¥50	
9				
10				

で、最後にこれらの和を求めるので、今ドラッグした真下のセルをクリック、上のメニューのΣボタンを押すと、自動的に「=SUM(C4:C8)」のように計算式が入力されます。

この状況でENTERキーを押せば、簡単に期待値が計算できます。先ほどの場合は「¥265」と表示されれば正解です。

C9 =SUM(C4:C8)

	A	B	C	D	E
1					
2					
3	X	P			
4	¥100	20%	¥20		
5	¥200	30%	¥60		
6	¥300	25%	¥75		
7	¥400	15%	¥60		
8	¥500	10%	¥50		
9			¥265		
10					

このゲームの場合、1回あたり平均的に265円儲かるというわけですね。

このように、期待値を計算しながらあるゲームやおみくじを作る際には、表計算ソフトを使いながら少しずつ変えていくと非常に便利です。例えば今の表で、もう少し儲かるように、

200円が儲かる確率を30%→20%
300円が儲かる確率を25%→35%

と変更するには、先ほどつくった表の該当箇所を書き換えるだけで期待値の値が瞬時に変わります。

男女の出会いが奇跡の始まり

いま大学受験直前の高校3年生のAさん（男性）が、同じクラスのBさん（女性）を心の中で好きだとして、この**Bさんと付き合うためにどうすればいいのか**、考えてみましょう。

まずは、AさんはBさんに自分のカッコいいところを見せないといけません。そうなると、**AさんはBさんの近いところにいる必要**があります。

Bさんは地元S大学の教育学部に行こうと考えているようです。Aさんは、経済学部か商学部系に行こうと思っているのですが、Bさんの行こうとしているS大学には経済学部も商学部もありません。

ただし、同じ市内にある別のT大学には、経済学部があります。

そのT大学はBさんの行こうと思っている大学よりも少し難易度が高いのですが、ともかくそのT大学に行けば、AさんはBさんとしょっちゅう会うこともできるし、カッコいい自分をBさんに見てもらうことが可能になります。

そうなると、AさんはBさんよりもさらに勉強をしないといけません。でもT大学に進学して、BさんもS大学に合格すれば、AさんはBさんに「大学終わってから食事に行こう!」などと食事に誘うこともできるし、お互いの大学の話とか、高校のときの思い出話などでBさんと話も盛り上がりそうですね!

で、実際に大学受験を経て、AさんもBさんも志望校に合格しました。AさんはBさんの同級生にBさんを取られないようにするために、大学に行く前にBさんをデートに誘いました。

もちろんデートに誘うだけですが、自分が近くにいるということをBさんに印象づけることが重要です。なけなしのお小遣いで楽しいお食事をして、AさんはBさんに好感を持ってもらう作戦です。

……などなど、まあ恋愛小説でもないのでこのぐらいにしておきますが、ここでみなさんに考えてほしいのは、AさんはBさんと付き合うためになんの努力をしているのか?　ということです。

実は、具体的な数字が出てくるわけではないのですが、**AさんはBさんと付き合うための確率を上げるために努力をしている**のです。

Bさんと付き合うために、少しでもその確率が上がりそうなことをいろいろしているわけです。

一見すると、確率というのは、例えば「今日の12時の降水確率は30%」とかいうような具体的な数字が出てくるものが多いです。ただ、人生においては、実は数字では現れないものの「いま○○をすれば確率が一挙に上がる!」とか、「いまなにかすると確率が下がるから、少しガマン」というように、**心の奥底で確率の上げ下げを計算しながら行動している**のです。

で、確率がどんどん上がって「もうここだ!」というときに、

「僕と付き合ってください」

「僕と結婚してください」

という決め台詞で、男女の関係はうまくいくわけです。

要するに恋愛というのは、こうした「確率の計算」を心の中でいろいろするものなのです。こういう状況になれば自分は優位に立てる、こういう努力をすれば自分は相手にもっとよく見られる、などなど、数字に出ない「確率計算」を男女がともに複雑に行っているのです。

そう考えると、確率というのは奥が深いものです。

まさに「**男女の出会いもすべて確率計算のたまもの**」だということです。

作家の遠藤周作先生の著作に『愛情セミナー』(集英社文庫)というエッセイ集があります。筆者が20代のころ、その本に出会い感銘を受けました。当時、私が悩んいたことに関して、いろいろと具体的なアドバイスをくれた本です。

その『愛情セミナー』に、ある若い男性が、恋愛関係でうまくいかなくて落ち込んでいるというエピソードが出てきます。

簡単にまとめると、遠藤周作先生は、そういうときは野球場に連れて行くのだそうです。野球場には何万人という観客が詰めかけている。そして、その全員が、**なんらかの恋愛の結果で生まれてきたという事実**に驚かないか、と。

要するに、世の中のすべての人は、1人ひとりがなんらかの恋愛の末に生まれてきているわけだから、あなたが1つの恋愛でうまくいかなくても、**それはちっぽけなことだ**、というお話です。

みなさんは、どうお感じになりますか? 筆者はとてもそのエピソードが気に入っているので、恋愛相談を受けたらいつもその話をしています(笑)。

さらにいうと、みなさんは、出産がいかに大変なことかということはよくご存じだと思います。

筆者は男性なので出産ということを経験することができないのですが、母親は妊娠してから出産するまでの何日もの間、身体の調子が普段と変わって、子どもを産む準備期間に入ります。

そして、出産の直前は本当に大変な苦労をして赤ちゃんを産みます。

それだけの**大変なことを経て、初めて1人の人が誕生する**わけです。

1人ひとりの人が誕生するときには、それぞれの誕生のお話があり、苦労があります。場合によっては、母親や赤ちゃんが命の危険にさらされながら、1人の人間が産まれてくるわけです。

赤ちゃんが産まれる際にへその緒を切ったり、胎盤が出てきたり、そういう生物的にすごい瞬間があるということです。

そんなすごい瞬間が、その野球場に詰めかけているすべての人、1人ひとりにあったという事実を、私たちはふだんまったく忘れてしまっています。

それは、実は野球場に来ている人たちだけではなく、全世界の人……国籍、性別など関係なくすべての人にそんな瞬間が存在したわけで、今までこの世に産まれてこの世を去ってきたすべての人は、それぞれ違う出産の瞬間が存在したわけです。

そう考えると、**私たちの1人ひとりが「奇跡」の結果産まれてきた**わけです。そしてその奇跡の始まりが「男女の出会い」なわけですね。

恋愛の奥深さというのは、本当に果てしないものです。

おわりに

「数学の本を書きませんか？」と以前に一度、一緒に本をつくったことのある編集の方からご連絡をいただいたのは、新型コロナウイルスで世間が大騒ぎしている真っ最中の2021年の初頭でした。

そのときに、いろいろな数学に関するキーワードをご提示いただいたのですが、そのなかでふと気になったのが「期待値」でした。

人生の重要な場面で、人はいろいろと悩むものです。

例えばどこの学校を受験しようか、どこの会社に就職しようか、どの人と結婚しようか、どの保険を契約しようか、どの家に住もうか……などなど、人生で悩む場面はたくさんあります。

そんなときに「数学力がものをいう」という話を書きたいなと、ふとひらめいて、編集の方に提案したところ、「実は最近いろいろ知人と話しているときに、確率や期待値をもう一度勉強したいという話になったんですよね！」とのことでした。

編集の方曰く、「例えば投資をするとき、宝くじを買うとき、あるいはギャンブルをするとき……、お金を儲けようとすると必ず期待値の壁にぶつかるんです。そんなときに使える数学の考え方みたいな本がつくれないか……」との話でした。

そこで「なるほど期待値か！ それなら期待値を説明する本をつくりましょう！」となったのが本書の始まりです。

いつもそうなのですが、いざ本を書き出すと、自分の人生のさまざまなシーンを思い出しました。「あそこで、もっと思慮深く行動すべきだった」とか、「そうか、あのときこう考えていたら、あんなことはしなかったよな」というように、自分の失敗もいっぱい思い出すのです。

この本を読んだ人は、もしかすると筆者は、人生の重要なシーンをうまくすり抜けて生きてきたように感じられるかもしれませんが、そのようなことはありません。むしろ、今思い出すと赤面するような失敗もたくさん経験してきました。

また、本書では筆者が体験したことがない内容についても、あえて触れています。

例えばなにを隠そう、筆者は自動車の運転免許を持っていません。にもかかわらず「自動車保険」のことを書いたのは、筆者なりにとても重要と思ったからです。

というのも20代のころに原付運転免許をとってバイクに乗っていた時代があるのですが、そのころに保険のことをいろいろ考える機会があったからです。

保険はまさに期待値の「カタマリ」です。というより、期待値で考えると、保険に加入している人は、ほぼ「損」をするシステムです。でも、大ケガや物損で高額の医療費や弁償費がかかる可能性はそこそこあるわけで、そういう危険性も考えて「原付バイクに乗るときでも、保険はいいものに入るべきだな」と身に染みて感じたのです。

不思議なもので、期待値で考えながら、期待値だけで判断してはいけないという、いい例だなと思ったのです。そこで「自動車保険」についても触れてみた次第です。

他にも本書では筆者の体験や思いつくシーンに関して、確率や期待値の思考も交えながら、いろいろ語ってみました。本書の執筆を通じて、読者のみなさんと人生について、いろいろ考えるきっかけをつくることができたなら、うれしく思います。

さて、単なる数学の勉強本ではないように頑張ったつもりですが、いかがでしたでしょうか。調べれば調べるほど、筆者の知らない世界も多く、原稿を書くのには正直かなり苦労しました。

また、執筆の終盤にかけて、当初は下書きのつもりでかいていた落書きのようなラフのイラストが、そのまま掲載されることになりました。正直かなり冷や汗をかきながらも、この点に関しては、「もうどうにでもなれ」という割り切りでどんどん描いていきました。

つたない板書写真も含めて、お見苦しい点も多いかと存じますが、どうぞ笑ってお許しください。

書いては消し、消しては書きのくり返しで、なかなか原稿の進まない筆者に、この本をご編集いただいた河西泰さんは、きっとヒヤヒヤしていたことと思います。

我慢強くご催促いただきながら、面白くない原稿をいかにして面白くしようかと、いろいろご指導もいただきました。ご尽力いただき、納得のいく本ができあがりました。この場をお借りして、心から感謝の意を表したいと思います。本当にありがとうございました。

そして、最後になりましたが、読者のみなさまが、この本をヒントによりよい人生を歩まれますよう、心からお祈りするばかりです。

2021年9月

鍵本 聡

鍵本 聡（かぎもと・さとし）

KSP理数学院代表講師／株式会社KSプロジェクト代表取締役。
1966年、兵庫県西宮市生まれ。京都大学理学部、奈良先端科学技術大学院大学情報科学研究科修了、工学修士。ローランド株式会社（電子楽器開発）、高校教員、予備校講師などを経て現在は関西学院大学、大阪芸術大学、大阪女学院大学などで非常勤講師として教鞭をとる。同時に学習塾「KSP理数学院」を大阪で運営、中学高校生を対象に算数・数学教育および大学進学サポートに最前線で携わる。教育関連の講演も多数。20万部超のベストセラー「計算力を強くする」シリーズをはじめ「高校数学とっておき勉強法」「理系志望のための高校生活ガイド」（以上、講談社ブルーバックス）など著書多数。
KSプロジェクト・KSP理数学院　http://www.ksproj.com

制作スタッフ

〔装丁〕　田中聖子［MdN Design］
〔DTP〕　株式会社三協美術

〔編集長〕　山口康夫
〔担当編集〕　河西　泰

世の中は期待値でできている

2021年9月11日　初版第1刷発行

〔著　者〕　**鍵本 聡**
〔発行人〕　山口康夫
〔発　行〕　株式会社エムディエヌコーポレーション
〒101-0051　東京都千代田区神田神保町一丁目105番地
https://books.MdN.co.jp/
〔発　売〕　株式会社インプレス
〒101-0051　東京都千代田区神田神保町一丁目105番地
〔印刷・製本〕中央精版印刷株式会社

〔カスタマーセンター〕
造本には万全を期しておりますが、万一、落丁・乱丁などがございましたら、送料小社負担にてお取り替えいたします。お手数ですが、カスタマーセンターまでご返送ください。

■落丁・乱丁本などのご返送先
〒101-0051　東京都千代田区神田神保町一丁目105番地
株式会社エムディエヌコーポレーション カスタマーセンター
TEL：03-4334-2915

■書店・販売店のご注文受付
株式会社インプレス　受注センター
TEL：048-449-8040／FAX：048-449-8041

内容に関するお問い合わせ先
株式会社エムディエヌコーポレーション　カスタマーセンターメール窓口
info@MdN.co.jp

本書の内容に関するご質問は、Eメールのみの受付となります。メールの件名は「世の中は期待値でできている　質問係」とお書きください。電話やFAX、郵便でのご質問にはお答えできません。ご質問の内容によりましては、しばらくお時間をいただく場合がございます。また、本書の範囲を超えるご質問に関しましてはお答えいたしかねますので、あらかじめご了承ください。

ISBN978-4-295-20190-8　C0040